普通高等教育"十三五"规划教材

工程设计管理概论

（四川大学研究生课程建设项目）

袁熙志　主编

北京

冶金工业出版社

2017

内 容 提 要

　　全书的核心内容是介绍工程设计工作特点、工程设计管理、工程设计经营工作、设计招投标、工程设计质量控制、涉外工程设计、信息技术与设计管理等，阐述了工程设计全部过程各阶段的工作要点和组织管理方面的知识。

　　本书为冶金工程、化学工程与工艺等工科专业本科高年级学生和研究生，在学习了相关的工艺原理和工艺学、工艺设计课程的基础上开设的选修课教材，亦可供从事生产、工程设计与管理、科研等工作的技术人员参考。

图书在版编目（CIP）数据

工程设计管理概论／袁熙志主编. —北京：冶金工业
出版社，2017.1
普通高等教育"十三五"规划教材
ISBN 978-7-5024-7341-9

Ⅰ.①工…　Ⅱ.①袁…　Ⅲ.①工程设计—工程管理—
高等学校—教材　Ⅳ.①TB21

中国版本图书馆 CIP 数据核字（2016）第 246899 号

出 版 人　谭学余
地　　　址　北京市东城区嵩祝院北巷 39 号　邮编　100009　电话　(010)64027926
网　　　址　www.cnmip.com.cn　电子信箱　yjcbs@cnmip.com.cn
责任编辑　王雪涛　宋　良　美术编辑　吕欣童　版式设计　孙跃红
责任校对　李　娜　责任印制　李玉山
ISBN 978-7-5024-7341-9
冶金工业出版社出版发行；各地新华书店经销；三河市双峰印刷装订有限公司印刷
2017 年 1 月第 1 版，2017 年 1 月第 1 次印刷
787mm×1092mm　1/16；13.5 印张；327 千字；206 页
30.00 元

冶金工业出版社　投稿电话　(010)64027932　投稿信箱　tougao@cnmip.com.cn
冶金工业出版社营销中心　电话　(010)64044283　传真　(010)64027893
冶金书店　地址　北京市东四西大街 46 号(100010)　电话　(010)65289081(兼传真)
冶金工业出版社天猫旗舰店　yjgycbs.tmall.com
　　　　　　　　（本书如有印装质量问题，本社营销中心负责退换）

前　言

项目设计管理，作为具有特定涵义的专有名词，尽管在我国出现得比较晚，但其频度与响度却是与日俱增，在工程建设中已经受到学术界、企业界的普遍关注和高度重视。

用科学的态度研究工程项目设计管理这门新科学，根据其内在规律特征，开展高质量、高水平的管理实践，这些探索和努力其价值是不言而喻的。而项目经理或总设计师，虽然不属于行政职务序列，但其作用同战场上的指挥官相似，称项目经理（总设计师）为关键人物毫不夸张。所以说，项目经理（总设计师）以及项目设计管理是工程建设中最重要的人和事。

因此，本课程的性质属于应用管理科学的范畴，是管理科学在工程设计中的具体应用，是一门工程设计技术与管理科学交叉的边缘学科课程。

本课程的目的和任务就是加强工程设计管理实践在教学中的比例，强化对高年级学生和研究生组织管理和经营协调能力的培养，使学生在学习和工程实践过程中，逐步由单一专业技术型人才向技术经营型人才和复合型人才转变，由研究生（大学生）向工程项目的项目经理（总设计师）转变，以缩短用人单位的研究生（大学生）转变成为工程项目设计总设计师的周期。

本书是编者根据十多年课堂讲授"工程设计管理概论"课程讲义及近三十年工程项目设计管理经验，并参考相关著作的基础上编写的，研究生李秦灿、陈辉承担了书中部分图表的编排和文字数据的整理工作。本书是四川大学研究生课程建设项目，获得了四川大学研究生院提供的经费资助，在此一并表示衷心的感谢。同时，作者衷心感谢冶金工业出版社的大力支持。

对于书中的不妥之处，恳请读者批评指正。

编　者

2016 年 7 月

目　　录

绪　　论

把管理作为一门学科进行系统的研究，只是最近一二百年的事。但是，管理实践却和人类的历史一样悠久，至少可以追溯到几千年以前。

生活在幼发拉底河流域的闪米尔人，早在公元前 5000 年已经开始了最原始的记录活动。这也是有据可考的人类历史上最早的管理活动。三千多年前（公元前 17 世纪）中国的商代，国王已经统辖、指挥几十万军队作战，管理上百万分工不同的奴隶进行生产劳动。朝廷中的管理机构已相当复杂，设有百官辅佐国王进行统治，百官大体分为政务官、宗教官、事务官三类。到了公元前 11 世纪的周朝，中央设有"三公"、"六卿"、"五官"。"三公"即太师、太傅、太保，是国家的总管。"六卿"即太宰、太宗、太史、太祝、太士、太卜，分管朝廷中的政务、宗族谱系、起草文书、编写史书、策命大夫、祭祀、卜筮等事务。"五官"即司徒（司土）、司马、司空（司工）、司士、司寇，分别掌管土地、军赋、工程、群臣俸禄、刑罚等。周朝还制定了许多管理国家的典章制度，提出了"明德慎罚"的管理思想。为了适应诸侯王国之间政治、军事活动的需要，设立了驿站制度，在中央到全国主要都城的大道上每隔三十里设一驿站，备良马固车，专门负责传递官府文书、接待往来官吏和运送货物等，形成全国性的信息网络。信息传递的速度可以达到平均每天 500 里，这可称为世界上最早的信息管理系统。在土地资源的管理方面实行了著名的"井田制"。据《孟子·滕文公上》记载："方里而井，井九百亩，其中为公田，八家皆私百亩，同养公田，公事毕，然后敢治私事。"

世界上所有的文明古国如巴比伦、罗马等都早在几千年前就对自己的国家进行了有效的管理，并且建立了庞大的严密的组织，完成了许多今天看来仍是十分巨大的建筑工程。中国的长城、中国西安的兵马俑、埃及的金字塔都可证明，在两千年前人类已能组织、指挥、协调数十万乃至数百万人的劳动，历时多年去完成经过周密计划的宏大工程，其管理才能不能不令人折服。

0.1　管　　理

为什么管理实践会有如此悠久的历史？这是由于人类活动的特点所决定的。

0.1.1　管理的必要性

管理实践的历史虽然悠久，但在过去几千年中管理始终只是一种零散的经验和某种闪光的思想。只是到了工业革命以后，随着现代工业技术的广泛应用和工商企业的大量发展，管理才得到了普遍的重视和系统的研究。

世界性的管理发展热潮是在第二次世界大战后形成的。战争中受到严重破坏的欧洲和亚洲各国，在迫切寻找恢复本国经济的途径中，发现了美国制造业在战争期间的惊人绩效，认为学习美国企业管理的方法可能成为复苏本国经济的良方，所以纷纷开始学习美国企业管理知识的理论和方法，在十多年时间内这股管理热潮席卷了整个欧洲和日本，并取得了举世瞩目的成效。20 世纪 60 年代许多发展中国家和地区，例如巴西、墨西哥、西非、土耳其、伊朗、新加坡、韩国、泰国等国和中国香港、中国台湾等地，也都先后引进了先进的管理理论和方法，大力培养本国、本地区的管理人才，加强企业的管理工作，并在不同程度上取得了成效。70 年代初，世界性的管理热潮因石油危机而冷却了。

　　1970 年代末，中国改革开放政策的实施，在全国掀起了加强管理的热潮，各省、市纷纷成立了企业管理协会。组建了专门培训经济管理干部的经济管理干部学院或培训中心，全国有一百二十多所正规大学先后设置了管理专业。1990 年 10 月，在全国数十所院校开始试点培养工商管理硕士（MBA）。

　　1994 年，清华大学经济管理学院院长朱镕基在清华大学经管学院成立十周年的贺信中说："建设有中国特色的社会主义，需要一大批掌握市场经济的一般规律、熟悉其运行规则，而又了解中国企业实情的经济管理人才"。1996 年，朱镕基又在自然科学基金管理学部成立大会上呼吁"管理教育，兴国之道。"在全国迫切需要管理人才的背景下，1997 年，全国 MBA 试点院校增至 56 所。1998 年，国家经贸委又制定了对全国国有企业管理干部开展大规模工商管理课程培训的计划，并把通过系统培训提高企业管理素质作为加速国有企业改革、提高企业管理水平、增强企业活力的重要措施。这一切说明最近二十年来，中国政府和企业通过实践更加迫切更加深刻地认识到加强管理的重要性，并且在中国确实涌现出了一批管理水平很高，管理手段十分现代化的企业。

　　管理的重要性在中国已经深入人心。在中国加强企业管理热潮的到来，不只是由于政府和国家领导人的大力推动，更重要的是由于企业改革和经济发展实践的需要。随着企业改革的深化，人们将愈来愈认识到加强管理的必要性和迫切性。

　　下列关于管理必要性的观点，已经成为全国上下的共识。

　　（1）作为发展中国家，资源短缺将是一种长期经济现象，特别是资金、能源、原材料短缺往往成为企业和社会经济发展的桎梏。但如何将有限的资源进行合理的配置和利用，使其最大可能地形成有效的社会生产力，则是宏观经济管理和微观经济管理应当解决的问题。如果管理不善，不仅经济资源得不到合理使用，社会经济不能迅速发展，甚至可能产生行贿受贿、贪污腐败等一系列社会经济弊病。

　　（2）作为发展中国家，科学技术落后是阻碍生产发展的重要因素之一。但是，无论是本国发明的科学技术或引进的科学技术，并不一定都能自动地形成很高的生产力。许多科技发明被闲置，不少引进的项目技术水平一般，许多引进的先进设备也得不到充分利用，重复引进、重复布点的项目屡禁不止，伪劣产品充斥市场……各种各样不成功的示例随处可见。关键在哪里？关键仍在管理。宏观管理失控，微观管理又缺乏约束机制。实践一再证明，只有通过有效的管理，才能使科学技术真正转化为生产力。

　　（3）高度专业化的社会分工是现代国家和现代企业建立的基础。如何把不同行业、不同专业、不同分工的各种人员合理地组织起来，协调他们相互间的关系，协调他们与政府的关系，协调他们与各种资源的关系，从而调动各种积极因素，都要靠有效的管理。如果管理不善，不仅不能调动积极性或者只调动了一部分人的积极性，而且很可能引起社会或企业内部的矛盾和冲突，导致效率低下，从而阻碍社会或企业的发展。

（4）实现社会发展和企业或任何社会组织发展的预期目标，都要靠全体成员长期的共同努力。如何把每个成员千差万别的局部目标引向组织的目标，把无数分力组成一个方向的合力，也要靠管理。如果管理不善，组织就会一盘散沙，内耗不止，毫无活力。不仅预期目标不可能实现，而且与强手相比距离越来越远，最后可能找不到立足之地而被淘汰。

（5）近几年来，以计算机技术为基础，信息网络、国际互联网等各种管理软件在中国各行各业中，得到了空前迅速的普及和应用。一方面大大推进了中国管理现代化的进程，另一方面也使人们亲身感受到现代管理的巨大能量。管理通过迅猛发展的信息技术和日益临近的知识经济，正在改变着人类经济活动、社会活动及日常生活的方式、方法和内涵。工作质量、服务质量和生活质量的提高，都依赖于管理水平的提高。没有管理工作质的飞跃，就不可能得到现代科技和物质文明所给予的一切，就可能成为 21 世纪的野蛮人，贫穷、落后、挨打将成为不可避免的事实。

0.1.2 管理的概念

承认管理的重要性和必要性，并不等于真正理解管理的含义。什么是管理？最近几十年中有许多人根据自己的研究对管理进行定义。以下是具有代表性的几种观点：

（1）管理是以计划、组织、指挥、协调及控制等职能为要素组成的活动过程。这是由现代管理理论的创始人法国实业家法约尔（Henri Fayol）于 1961 年提出的。他的论点历经七十多年的研究和实践证明：除在职能的提法上有所增减外，总的来说基本上仍是正确的，并成为管理定义的基础。

（2）管理是通过计划工作、组织工作、领导工作和控制工作的诸过程来协调所有的资源，以便达到既定的目标。

这一表述由三个部分组成：1）管理首先是协调资源，资源包括资金、物质和人员三个方面，因为这三个英文单词的第一字母均为 M，故人们也简称为"3M"；2）各种管理职能是协调的手段；3）管理是有目的的过程，协调资源的目的是为了达到既定的目标。

（3）管理是在某一组织中，为了完成目标而从事的对人与物质资源的协调活动。这一表述包括四个要素：1）为完成某种目标；2）由人进行的协调活动；3）通过管理职能进行协调；4）是某一组织群体努力的活动。

（4）管理就是由一个或更多的人来协调他人活动，以便收到个人单独活动所不能收到的效果而进行的各种活动。

简化的说法为："管理是通过其他人的工作达到组织的目标"。这种表述包含三点内容：1）管理其他人及其他人的工作；2）通过其他人的活动来收到工作效果；3）通过协调其他人的活动来进行管理。这一论点的中心是强调其他人。

（5）管理就是协调人际关系，激发人的积极性，以达到共同目标的一种活动。这一表述突出了人际关系和人的行为。它包括三层意思：1）管理的核心是协调人际关系；2）管理者应当根据人的行为规律去激发人的积极性；3）在一个组织中的人们，具有共同的目标。管理的任务就是要使人们相互沟通和理解，为完成共同目标而努力。

（6）管理也是社会主义教育。这是毛泽东在 1964 年提出的观点。初看起来，这一观点似乎难以理解。实际上包含了深刻的思想：1）管理的关键是人的精神状态；2）管理的根本方法是通过教育提高人的觉悟，激发人的积极性；3）管理与社会制度相关，只有通过社会主义教育才能使组织的成员确立社会主义的共同理想和共同的目标，如果每个人懂得自己的工作能够对组织的最高目标做出贡献时，组织就会实现最好的管理。显然这一观点是从社会和政治的角度强调了人的信仰、价值观在管理中的重要作用，而回避了管理中固有的专业技能的一面。

（7）管理是一种以绩效责任为基础的专业职能。这是彼得·德鲁克教授提出的观点。他的观点与毛泽东的观点恰恰相反。他认为：1）管理与所有权、地位或权利完全无关；2）管理是专业性的工作，与其他技术性工作一样，有自己专有的技能、方法、工具和技术；3）管理人员是一个专业的管理阶层；4）管理的本质和基础是执行任务的责任。显然，德鲁克淡化了管理的社会属性而片面地强调了管理的自然属性。

（8）管理就是决策。这是 1978 年诺贝尔经济学奖获得者赫伯特·西蒙提出的。他把决策制定过程分为四个阶段：1）调查情况，分析形式，收集信息，找出制定决策的理由；2）制定可能的行动方案，以应付面临的形势；3）在各种可能解决问题的行动方案中进行抉择，确定比较满意的方案，付诸实施；4）了解、检查过去所抉择方案的执行情况，作出评价，产生新的决策。这样一种决策过程实际上是任何管理工作解决问题时所必经的过程。所以从这方面看，可以说，管理就是决策。

（9）管理就是根据一个系统所固有的客观规律，施加影响于这个系统，从而使这个系统呈现一种新状态的过程。这是许多系统论者所共有的观点。这个观点包含的内容有四点：1）任何社会组织都是若干单元或子系统组成的复杂系统；2）系统内各个组成部分具有耦合功能，因而表现出系统的发展变化遵守一定的客观规律；3）管理职能就是根据系统的客观规律对系统施加影响；4）管理的任务就是使系统呈现出新状态，以达到预定的目的。

以上这些关于管理概念的观点，是从各个不同的角度描绘了管理的面貌。

综合前人的研究，可以对管理的概念做如下表述：

管理是社会组织中，为了实现预期的目标，以人为中心进行的协调活动。这一表述包含了以下五个观点：

（1）管理的目的是为了实现预期目标。世界上既不存在无目标的管理，也不可能实现无管理的目标。

（2）管理的本质是协调。协调就是使个人的努力与集体的预期目标相一致。每一项管理职能、每一次管理决策都要进行协调，都是为了协调。

（3）协调必定产生在社会团体之中。当个人无法实现预期目标时，就要寻求别人的合作，形成各种社会组织，原来个人的预期目标也就必须改变为社会组织全体成员的共同目标。个人与集体之间，以及各成员之间必然会出现意见和行动的不一致，这就使协调成为社会组织必不可少的活动。

（4）协调的中心是人。在任何组织中都同时存在人与人、人与物的分配关系。但人与物的关系最终仍表现为人与人的关系，任何资源的分配也都是以人为中心的。由于人不仅有物质的需要还有精神的需要，因此，社会文化背景、历史传统、社会制度、人的价值观、人的物质利益、人的精神状态、人的素质、人的信仰，都会对协调活动产生重大的影响。

（5）协调的方法是多样的，需要定性的理论和经验，也需要定量的专门技术。计算机的应用与管理信息系统的发展，将促进协调活动发生质的飞跃。

0.2 工程设计管理

项目设计管理先要从项目谈起。

0.2.1 项目与工程项目

所谓项目就是指在一定约束条件下，具有特定明确目标的一次性事业。

从定义中，可以归纳出项目具有的基本属性：

（1）一次性。项目必须是完成的、临时的、一次性的、有限的任务，这是项目的主要特征，是项目区别于其他常规"活动和任务"的基本标志，也是识别项目的主要依据。只有认识项目的一次性，才可能有针对性地根据项目的特殊情况和要求进行管理。

（2）独特性。项目大多数带有某种创新和创业的性质，即使有些项目所提供的产品和服务是类似的，但它们的地点和时间、内部和外部环境、自然和社会条件都会有所差别。因此，项目的过程总具有自身的独特性。

（3）目标的明确性。项目的目标有成果性目标和约束性目标。项目都有确定的重点，其重点的含义不仅指时间目标，也包括成果性目标及其需要满足的条件。当然，目标也允许修改。不过，一旦项目目标发生实质性的变动，它就不再是原来的项目了，而将产生一个新的项目。

（4）组织的临时性和开放性。这意味着项目开始时要组建项目班子，项目执行过程中班子的成员和职能可能会发生变化；项目结束时，项目班子要解散，人员要转移。参加项目的组织可以有多个，它们通过合同、协议以及其他的社会经济联系组合在一起。项目组织没有严格的边界，或者说边界是弹性的、模糊的和开放的。

（5）成果的不可挽回性。项目不像批量生产的产品，合格率为99.9%就很好了；也不像其他事情可以试做，做坏了可以重来。项目必须确保成功。这是因为在项目的特定条件下，个人和组织的资源有限，一旦失败就失去了重新实施原项目的机会。

以上属性决定了项目具有较大的不确定性，它的过程是渐进的，隐含各种风险。项目要求精心设计、制作和控制，以达到预期的目标。

从定义出发，项目的含义是广泛的，卫星上天、新产品研制、科研开发……一切皆有特定目标，受到特定限制，要求一次完成的系统都是项目。

随着我国社会经济的发展，项目也越来越广泛，主要体现在：

（1）由于科学技术的进步和我国市场经济体制蓬勃发展，市场竞争日趋激烈，产品周期越来越短，企业必须不断地进行产品的更新和开发。因此企业内的科研项目、新产品开发项目、投资项目必然越来越多，成为企业基本发展战略的重要组成部分。另外，企业将成为投资的主体，为了适应市场、增强竞争能力，必然会更多地采用多种经营和灵活的经营方式，进行多领域、多地域的投资。这些都是通过项目进行的。

（2）现代企业的创新、发展，生产效率的提高，竞争能力的增强一般都是通过项目实现的。许多企业为了适应市场发展，实行"企业再造工程"，将企业划分成为分部，以项目部形式各自去适应市场，这样经营更为灵活，竞争能力大大提高。有许多企业的业务对象和利润载体本身就是项目，项目也就是这些企业管理的对象。例如建筑工程承包公司、船舶制造公司、成套设备生产和供应公司、房地产开发公司、国际经济技术合作公司等。

（3）随着建设的发展和社会的进步，各地都有许多公共事业项目用来改善投资环境，提高人民生活水平，例如城市规划、旧城改造、基础设施建设、环境保护等项目。

（4）随着综合国力的增强，国家投入到科研项目、社会项目和国防项目的资金也在逐年增加，这类项目也会越来越多。

这些项目的成败已关系到企业的兴旺、地区的繁荣，甚至影响国家的发展、社会的进步。

工程项目是各类土木工程、建筑工程、工业工程的总称，如兴建工厂、修筑公路、开发矿山、建造住宅、工厂建设等等，它们都有明确的建设目的，在一定的投资、工期、质量等条件的限制下进行单件生产，是一次性的事业。显然，这完全符合项目定义的基本特征，属于非常典型的项目。狭义的项目概念通常专指工程项目。

0.2.2　项目管理与工程项目管理

（1）项目管理。项目管理是通过项目组织的努力，运用系统理论和方法，在一定的约束条件下，对项目及其资源进行计划、组织、协调、控制，以达到项目特定目标的管理活动。

项目管理主要有以下四种职能：

1）计划职能。是指把项目全过程、全部目标和全部活动都纳入计划，使整个项目按照计划有序进行，使各项工作具有可预见性和可控性。

2）组织职能。是指建立一个以项目经理为中心的项目组织，并为项目组织中的部门和岗位确定职责，授予权力，制定责任制和建立规章制度，以确保项目目标的实现。

3）协调职能。在项目实施过程中，项目组织必须在资源配置合理的条件下通过协调等方式来开展工作，使整个实施活动处于一种有序状态。所谓协调就是及时调整、解决各个过程、各个环节和各职能部门之间的矛盾，做到人尽其才、物尽其用，以实现项目的目标。

4）控制职能。项目目标的实现是靠控制职能来保证的。在项目实施过程中，偏离目标的现象经常会出现，因此要不断地对目标实施控制。控制就是通过信息反馈系统，对各个目标和实际完成情况及时进行对比，发现问题，立即采取措施加以解决。

（2）工程项目管理。各类土木工程、建筑工程的建造活动称为工程项目建设，这是一项十分重要的社会生产活动。因为在经济发展过程中，无论是扩大生产能力、提高生产水平，还是改善人民的物质文化生活都需要进行工程项目建设。工程项目建设要顺利实施取决于两个方面：一是建设单位，即未来工程的需求者和投资者，如兼为产权的拥有者一般又称业主，他们对项目的基本要求构成了项目的目标要素；二是承建单位，一般为有实施能力的建筑企业，其要通过勘察设计、材料生产和供应、设备制作和供应、建筑施工（土建、安装、装饰）等复杂环节的生产过程，最终实现项目目标，完成建造任务。

随着社会的前进，现代项目建设不断发展为一项十分复杂的社会生产活动。生产力的发展，业主（消费者）需求水平的日益提高，高科技项目匹配的严格要求，等等。客观上决定了建筑产品大型化、复杂化的变化趋势，项目建设组织实施的难度日益加大，管理也就显得尤为重要。

工程项目管理是项目管理的一大类，其管理对象主要是指工程项目。工程项目管理是以工程项目为对象，在一定的约束条件下，为实现工程项目目标，运用科学的理念、程序和方法，采用先进的管理技术和手段，对工程项目建设周期内的所有工作进行计划、组织、协调和控制等系列活动。

工程项目全过程的管理包括：

1）决策阶段的管理，即 DM（Development Management）；

2）实施阶段的管理，即 PM（Project Management）；

3）使用（运营）阶段的管理，即设施管理 FM（Facility Management）。国际设施管理协会（IFMA）所确定的设施管理的含义，包括物业资产管理和物业运行管理，这与我国的物业管理尚有差异。我国使用（运营）阶段的管理不包括在工程项目管理范畴内，但在工程项目全过程的管理中应考虑到使用（运营）期间，主要工作有回访保修及项目后评价等。项目后评价，一般在项目竣工验收后 2～3 年内按照国家有关规定进行。

工程项目管理的任务有：

1）基本任务。是指通过选择合适的管理模式，构建科学的管理体系，进行规范有序的管理，力求工程项目决策和实施各阶段、各环节的工作协调、顺畅、高效地进行，实现项目建设投资省、质量优、工程短以及确保工程项目建设安全等目标，提高工程项目投资效益。

2）核心任务。是指保证工程项目建设和使用（运营）增值。工程项目建设增值主要是实现投资省、质量优、工期短以及确保工程项目建设安全等。工程使用（运营）增值主要是实现环保、节能、工程使用（运营）安全、满足用户使用功能、降低工程运营成本、有利于工程维护等。

在工程项目实施过程中，人们往往重视通过工程项目管理为工程项目建设增值，而忽略通过工程项目管理为工程使用（运营）增值。如某些高层写字楼在设计时为节约投资，减少了必要的电梯数量，这样就会导致该写字楼在使用（运营）时，电梯运行不能满足客户需求，降低了高层写字楼的功能和使用效率。

0.2.3 工程项目设计管理

如前所述，管理是为了达到一定目的而采用各种方式、方法和手段，对相关联的人和物进行组织、协调、控制的活动过程。

这里需要说明的是，工程项目建设是业主（建设单位）与承建单位共同参与管理的过程，但在一般情况下，业主（建设单位）比较侧重于对实施过程的监督和控制，如果力所不能还要聘请咨询单位代其监控；而承建者（承包商）的管理活动为工程项目管理。工程项目设计管理既有管理的普遍性，又有其本身的特殊性。

（1）工程项目设计管理要符合管理的基本要求。同所有的管理对象一样，对工程项目设计管理的研究应该包括三个基本内容：

1）生产关系方面的内容。项目建设作为规模较大的直接社会劳动，首先要解决合理组织生产问题，它包括人的管理和物的管理两方面。

人是最基本的因素，在一定的物质技术条件下，人们的社会生产活动产生了互相协作、互相交换劳动的关系，在组织项目建设过程中，管理层与劳务层、管理层纵向各层次、横向各部门、领导者与被领导，等等，客观上都存在着错综复杂的经济关系。因此，研究项目设计管理就要研究种种经济关系，即生产关系方面的问题，用经济、行政、法律的方法进行管理。

2）生产力方面的内容。生产力如何合理组织，由生产力发展水平所决定。生产力发展水平不同，对管理的要求也不同。项目无论是设计还是施工都受到设备、材料、技术、劳动者的数量及质量等一定生产条件的限制，现代科学技术的发展，使管理从侧重组织劳动日益向技术方面渗透、扩展，技术要素在项目设计管理中的地位越来越显著。

3）上层建筑方面的内容。任何经济管理都离不开政策、法令、管理体制、计划以及某些规章制度等，这些属于上层建筑的内容，要反映经济基础的要求，才能对生产起保护和促进作用。项目的生产经营活动也不例外，只有在严格的经济立法的保护下，才能正常进行。

以上三个方面的内容，通过管理的具体工作，融合为一个管理总体。项目设计的管理工作是由多种因素共同影响和决定的，既有合理组织生产力的内容，又有调整生产关系和改革上层建筑的内容。

据此，开展项目设计管理：

一要按照生产关系运动规律的要求进行管理。调整好生产、分配、交换关系，自觉地运用价值规律，在项目内部开展全面的经济核算。在组织分配时，依据物质利益原则，充分调动劳动者的积极性，发掘内部潜力，保证劳动生产率不断增长。

二要按照生产力发展规律进行管理。项目建设是社会化大生产，随着劳动分工越来越细，必须实行不同形式、不同水平的专业化、协作化、联合化的生产，从小生产经营方式逐步转到大生产经营方式的轨道上来。根据合理配置生产力的要求，全面考虑资源条件、市场条件和企业长远发展、综合发展的需要，进行有科学根据的技术经济分析，适应科学技术进步的要求，合理组织企业生产。

三要按照上层建筑方面的规律进行管理。认真研究与生产关系紧密相关的上层建筑方面的问题，围绕发展生产这个中心，改革管理体制，加强经济立法，完善现有的制度法规，保证建设任务顺利完成。

（2）工程项目设计管理要体现项目设计本身的运动规律。工程项目设计与其他管理对象相比又存在着许多独有的技术经济特征，这决定了项目设计管理还必须反映其自身的特点和规律性，决定了它同一般的企业管理和行政管理存在着重大的区别。

1）管理要满足项目设计的个性要求。生产的单件性是项目的重要特征之一。建筑产品没有批量，不进行重复生产，不同的业主有不同的要求，每个项目设计都要进行专门的个体设计，采用不同的施工工艺和施工组织方法进行生产，每个项目设计的时间、地点、投资、用途、要求以及人力、财力、物力都存在差异，生产力要素组合的变动很大。因此，对每个项目设计的生产组织都要从特定的条件出发，最大可能地满足业主的需求。

2）管理要使项目实现系统优化。项目设计是具有特定功能的有机体，整体性是其一个重要特征，表现在：

①项目设计的目标是系统的，时间、资金、质量等目标既自成体系又互相关联；

②项目设计的管理要素是系统的，人、物资、设备、资金、信息相互联系，交叉作用；

③项目设计的管理功能是系统的，计划、组织、控制、协调、指挥闭环运行，螺旋上升。

众多的子系统，众多的结合部，增加了管理的复杂程度，稍有不慎会造成职责不清，配合不当，反馈失真，控制失灵。因此，管理中一定要把握系统特点，从投资决策、设计、施工到竣工投产，对建设全过程实施一体化系统管理，追求整体最优，使系统不断提高效率。

0.2.4 一体化管理

真正意义上的工程项目设计管理应该是对建设全过程一体化的项目设计管理。所谓一体化的项目设计管理是指以高效率地实现项目目标为目的，在既定的时间和空间内，利用有限的资源，对工程项目建设全过程的一切活动，按照其内在的逻辑关系进行决策、计划、指挥、协调、控制和监督，实现整体优化的过程。在商品经济条件下，其管理重心应该是经济管理。

尽管人类对项目的管理活动已经经历了漫长的实践过程，然而，由于生产力水平的限制，往往没有很好地把握其内在的、本质的规律，没有围绕提高经济效益的轴心形成高效率管理的运行体系。因此，不能算真正意义上的项目设计管理，往往顾此失彼，时间、资金、质量等管理目标都没有统一到经济目标上来。

科学的进步和社会的发展，使人们经常面对一些难度高、风险大的项目设计，其成败往往决定着实业家的命运和企业的前途，甚至影响着国民经济的发展。于是，人们对项目设计管理的重要性有了重新认识，工程项目设计管理学应运而生。它融汇了多门学科和先进技术，从经济意义上对项目建设规律进行了深入系统地探索和研究，进一步论证了项目设计管理尤其是一体化项目设计管理的合理性和优越性。因此，这种经营管理方式在国际建筑市场上被普遍接受。

我国自改革开放以来，在有计划商品经济理论的指导下，建筑市场逐步发育，企业的经营管理职能逐步强化，国际合作逐步增多，发展一体化工程项目设计管理成了大中型建筑（承包）企业现实的选择。

然而，我国由于长期沿用行政手段管理项目设计，与项目设计管理的要求尚有很大距离，主要在于：

（1）管理目标。

1）项目设计管理由项目经理或总设计师对业主（建设单位）负责，对工程项目承包合同负责；

2）传统管理由设计单位的工程处或计划科对上级领导负责。

（2）责任者。

1）项目设计管理实行项目经理或总设计师责任制，管理活动自始至终贯彻个人负责制；

2）传统管理工程项目受多头指挥，职责不清，扯皮不断。

（3）组织性质。项目设计管理组织机构是相对独立的经济核算单位。

（4）管理特点。

1）项目设计管理以合同为纽带，经济控制为手段，通过契约来建立项目内外部联系的柔性机制；

　　2）传统管理则通过行政手段的直接干预，形成管理序列的刚性体系。

　　因此，按照项目设计固有规律，开展真正意义上的工程项目设计管理，成为一项既有价值又有难度的工作，管理体制改革势在必行。

学习思考题

0－1　怎样看待管理的必要性？

0－2　如何理解"管理"这一概念？

0－3　项目具有哪些基本属性？

0－4　项目管理的职能有哪些？

0－5　工程项目管理的核心任务是什么？

0－6　如何理解项目设计管理与一般的企业管理和行政管理之间的区别？

1 工程设计方法概述

工程设计是一个古老的行业。自从人类最早制造工具、修建遮蔽风雨的洞穴和泥土屋，就有某种意义的设计。工程世界的发展，无非包括量变和质变两个方面，生产主要是增加产品的数量，而产品本身的更新换代、研制新产品等质变飞跃，则依靠工程设计来实现。因此，从根本的意义上说，工程设计是一种创造。

1.1 工 程

"工程"这个词源自拉丁文，本意是"创造"。可见工程最古老的意义是与人的创造性联系在一起的。工程科学中最古老的分科是军事工程。工程师的英文词是"Engineer"，作为军事术语就是指工兵。而民用工程最古老的含义是建房子，现代英语中的"民用工程"（Civil Engineering）还指的是土木工程。现今对工程的分类越来越多，如电机工程、航空工程、水利工程、化学工程、动力工程、军事工程、通信工程、生物工程、电子计算机软件工程，等等。"工程"一词近来还渗透到社会科学，如出现社会工程、希望工程、菜篮子工程等等。随着人对客观事件认识的深化，出现了像"系统工程"这样更广泛的领域，专门研究具有复杂结构和功能的系统概念和处理方法。

人类对客观事物总在不断进行有意识的改造活动，当这种活动具有一定规模时，就常称为一项"工程"。反过来说，若不是由人有意识进行的大规模活动，如火山爆发、山体塌方、洪水、海啸，则不称其为工程。另外，由人进行的单纯属于被动地接受、自我吸收或消化，而不对外界产生影响的活动，一般也不称为工程，如有人做过一个很复杂的梦，就不会认为完成了一项工程。但是当把人的肌体和大脑也视为一种客观存在，对其进行有意识地充实改造，提高其能力，比如大规模的学习或训练活动，有时也可能称为是一项"工程"。

1.2 设 计

"设计"的含义是指对"未来"有目的的规划。在这一点上，与狭隘经验论者相反，他们认为设计是对"过去"的重复。一个着眼于未来，一个着眼于过去，这是根本的差别。

"设计"对未来设置了目标。占卜问卦或者预言、预测虽然也涉及未来的事物，但只是被动地描述未来，而没有施加人的影响去塑造未来，因此并不是设计。

设计的起点是已经掌握改造客观的能力。这里指的能力包括"软件"方面的能力，如知识、理论、方法，和"硬件"方面的能力，如机床、设备、厂房、材料等物质方面的条件。

这些知识性的基础和物质性的能力，是设计者所能调动来完成设计的基本出发点。设计过程就是从设计能力出发，在"力所能及"的范围内通过有效的途径最终达到改造客观世界的目的。

不同情况下的设计，"此岸"与"彼岸"的间隔距离会有所不同。这种间隔可能是时间上的（如短期实现的设计和长研制周期的设计是有区别的）、物质方面的，也可能是认识上的间隔（如对原理基本清楚的产品的设计，或认识需要很大延伸才能实现的设计）。

从认识间隔的角度考虑，工程设计可分为以下四类：

（1）常规性设计。指产品在具体细节上虽然与已有产品有所不同，为此需要重新设计，但在原理上与已有产品并没有很大改变（例如仅改变某些尺寸或形状，而这种改变没有造成很大的性质变化），设计者在做这类设计时不需要对已有的认识做很大的延伸或扩展。

（2）改进性设计。可以是对原有产品扩展某种功能，或者对已有产品采用新技术促进其性能的更新换代。改进时有原有产品作为基础，但有时设计者需要在产品中引入一些新的思想或技术。

（3）研制性设计。这类设计中包含较多没有现成解决方法的问题，需要在设计过程中同时开展"研究与开发"工作（Research & Development），使设计者的认识进一步扩展，降低设计风险，才能确保顺利到达在"彼岸"设置的目的。比如大部分新型飞机的设计属于这类。

（4）发明性设计。这类设计中甚至根本原理都还是没有掌握的，必须针对产品的需要特地开发。如爱迪生发明留声机就是一例。

20 世纪 40 年代美国研制第一颗原子弹的时候，设计者们对将来产品的主要工作介质是固体还是液体都还不掌握，对最后产品的重量是几十公斤还是几千公斤也不清楚。无疑这类设计需要跨越的认识间隔更大。

1.3   工程设计方法及其特点

工程设计和科学研究都是人们熟知的概念，但在处理问题的过程和方法上则大不相同。将两种方法作一简单比较，则有助于更深地理解和把握工程设计方法。

科学研究（主要指自然科学研究）是研究自然界的规律和各种形态转化机理的。研究人员通过对自然现象的观察分析和思考，提出解释该现象的假说，然后进行实验验证，检查所提出的假说是否符合客观现象的规律。如果不符，则进一步观察、分析、假定和实验。这样循环多次，最后证实其假定符合所观察的自然现象的规律，就得出了定律，如图 1-1 所示。

人们所知道的许多天文、地理、物理和化学定律，如天体运行说、牛顿力学定律、元素周期律等都是这样研究的成果。这种方法着重于解释世界和寻求规律，而且其结论只能是唯一的。

工程设计是综合运用人类文明积累的科学技术知识，来满足人类社会需求的一种活动。其方法是从人类社会的某项具体需求出发，提出解决问题的方案，经过对所提方案的分析比较，作出决策并实施方案，以满足需要。工程设计过程中，每一个步骤的信息都要反馈到以前的阶段，或是对方案做某些修正，或者是整个地改变原方案，这就构成了图 1-2 所示的框图。

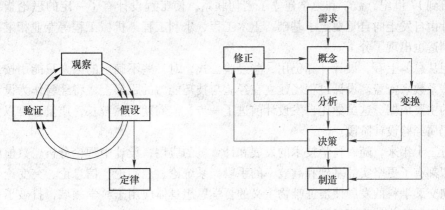

图 1-1　科学方法示意框图　　　　图 1-2　工程设计示意框图

无论是一个工厂、一种产品，还是一项设施、一个系统，只要它是为满足一定的社会需求，其设计方法大体上都要经过这样一个过程。

从工程设计的过程和方法，人们总结出工程设计具有如下特点：

（1）目标明确。工程人员的目标就是要运用科学技术知识实现具体需求，解决实际问题，提供有效的、适用的物质成果。

（2）方案多样。任何工程设计要处理的问题都不会只有唯一解，这是工程设计区别于科学研究的一大特点。因而工程设计者不能满足于求得一两个解，而应发现更多的方案，并善于从比较中选取最佳或最优方案。

（3）制约众多。工程设计首先要受到物理、化学等自然规律和技术发展水平的制约，此外还要受到经济、人和社会方面的多种因素的制约，如市场状况、投资额、生产管理水平、生产设施、社会法律、资源供应、公众心理及领导意图等等。

（4）动态性。科学技术在不断发展，社会需求也在不断变化。工程设计应体现动态的、发展的观念，适应不断变化的形势，不断创新，才具有生命力。

（5）随机性。由于现实环境的复杂性，工程设计中的计算方法和所用数据难免含有不可靠的因素，使其具有随机性。为了使设计方案达到预定目标，要特别注意设计的可靠性，以克服随机因素带来的不利影响。

（6）综合性。工程设计具有高度综合性，既要重视技术合理性和现实可能性，又要注意其社会效益和经济效益。评价时除考虑其科学性外，还要考虑到经济性、实用性、可靠性、适时性等许多方面。在不可能满足各方面的要求时，需要在综合分析的基础上采取折中或妥协的办法加以解决。

1.4　工程设计方法的历史与现状

人类在改造自然，利用自然资源来满足自身需要的历史长河中，一直在从事各种设计活动，只不过在最初阶段完全靠人的直觉。设计过程是凭当事人的智力和灵感，在实践中不断摸索而自发进行的。一项新产品的问世，周期很长，且往往无经验可供借鉴，是一种有很大偶然性的自发设计。

直到17世纪，数学和力学建立了密切联系，使工程设计有了一定的理论指导，为工程设计由自发走向自觉奠定了基础。土木工程、水利工程、机械工程等专业相继产生，设计与制造也出现了分工。

但从总体上看，设计计算仍用一些经验公式，对一些不确定的因素只能用按经验定出的一些系数来掩盖。设计过程仍建立在经验与技巧能力的积累上，将经验作为设计计算和类比的主要依据。这虽然比自发设计前进了一步，但周期仍然较长，质量也难以保证，总体上仍属经验设计阶段。

近三十年来，随着科学技术的发展和计算机的应用，设计中理论分析、数值解释和物理模拟都有了更坚实的基础和高效率的手段。系统论、控制论、信息论、突变论等等一系列横向交叉学科的发展使辩证唯物主义的哲学思想具体应用于科学领域，打破了长期以来孤立片面和静止地观察思考问题的方法。

工程设计方法得到迅速发展，使设计领域发生了突破性的变革。当前国际上关于设计方法学的研究十分活跃，形成了不同的学派，其主要的学派有：

（1）德国、瑞士的一些学者注重设计程序研究，在明确设计任务的基础上，对提出的设计任务进行抽象的功能分析，再通过若干严格的设计阶段和工序，将开发新产品的任务转化为产品图纸说明。该办法思路清晰，考虑问题面广，设计过程着重从整个系统出发，协调总体和部分、部分和部分之间的关系，使整体功能大于各局部功能之和。

（2）英国、美国的另一些学者则不主张把进程模式定得过死，而强调创新精神与创造能力，认为设计师应具备自然科学、社会科学及经济学等方面的基础知识，能预见到和判断出实际生活中的需求，善于抓住问题的本质而将复杂的问题简化。鼓励创造性思维，避免繁琐哲学，讲求实效。

（3）丹麦有的学者提出一体化设计的观点，主张以市场需求作为产品设计的依据，将设计、生产、销售三个环节统一起来考虑，使三个环节间的信息快速反馈，以便在最短时间内取得最好的经济效益，避免投资风险。

（4）日本学者正在大力研究思维科学在设计领域的应用，认为发展设计的科学理论需要运用思维科学的知识，主张用拓扑模型来说明设计理论，用数学方法说明设计过程，并以此作为人工智能自动设计的理论前提。

各国学者们的研究虽然各有侧重，但都主张制定必要的设计进程模式，重视设计中的创造性发挥，都认为应有系统观点、全局观念，而且都把计算机应用作为重要手段。这些设计观念和设计手段的变革正推动设计方法学向更高层次发展。

1981年在意大利罗马召开了国际工程设计会议，自此之后，我国国内也开始了对设计方法的研究，并于1983年在厦门召开了中国现代设计方法研究会，关于工程设计方法的研究日益活跃。这些不仅限于机械设计，而是把现代各种科学方法和各种系统的设计密切结合起来。

当前，如何使计算机辅助设计（CAD）在工程设计中达到更高的水平，即如何在创新、分析、决策等方面帮助设计人员是设计方法研究的一个重要方面。而计算机向智能化（第五代计算机）的发展也必将把设计方法推到一个更新、更高的水平。

1.5　工程设计方法的研究内容

在工程设计所运用的科学知识和方法中，最具有普遍意义的是系统的观点和方法，它作为工程设计方法的主线，对任何设计都具有普遍意义。这种普遍意义并不排斥控制论、信息论、突变论、离散论、优化论、模糊论等各种方法论和有关技术在工程设计中的重要作用。

工程设计方法的主要研究内容包括以下几个方面：

（1）设计原理。工程设计是一种智力活动，探讨人们从事工程设计的思维规律，用以指导设计实践，是设计方法学的一个重要研究课题。如在机械设计中，可将机械系统看作一个由输入、转换、输出三要素构成的有机整体，探讨工程设计的一些基本原理及如何将构思转变为现实、将功能要求转化为实物结构图纸的设计过程，分析设计过程的特点、采取的设计策略和所遵循的原则。总之是要根据设计实践中积累的经验，总结工程设计过程的思维规律，寻求合理的设计程序。

（2）设计目标。工程设计的出发点是为了满足人类社会某种需求。明确任务，预测需要，分析达到预期效果的可行性是设计能否成功的第一步，而且是在整个设计过程中始终都要考虑的问题，它关系到全局。

"正确地说明问题等于解决了问题的一半。"这句话充分说明了明确设计目标的重要性。为此需要了解设计要求的各个方面和在明确目标过程中应掌握的一些技术方法，如预测技术、可行性分析和时限分析等等。

（3）设计方案的产生。设计是一种创造性的工作，如何通过创造性的思考从多种可能方案中找到最佳效果或取得突破性进展的方案是设计方案中的核心问题。

一个有创造性的解决问题的方案会使所设计的对象发生质的变化，产生飞跃，明显地使其他方案相形见绌。为此，作为设计师应该了解创造性思维的特点以及创造的机理，自觉培养自己发挥创造性应具有的品质，并熟悉有助于发明创造的若干技巧。

（4）设计方案的分析。设计方案的优劣受多种因素的制约。为进行方案比较，首先要对提出的各种方案进行分析，看在各种因素影响制约下各项设计要求能满足到什么程度。这些因素，纵向涉及从设计到制造、分配、管理、使用、维护、保养等一系列问题，横向则涉及技术、经济、人和社会各个方面的因素。

全面的分析涉及多方面的知识和能力。首先是技术分析，它是工程设计的基础。设计师应掌握有关数学模型、实物模型的建立方法，把最新的科学技术成果，如优化技术、可靠性分析技术、计算机辅助设计技术及测试技术用于技术分析，提高技术分析的质量和科学性；其次是经济性，离开经济效益的技术先进性是不现实的，设计师应懂得成本估计、价值分析等经济分析法。

由于设计的产品是为满足人类社会需求的，它不能不考虑人和社会诸因素的约束，因而又涉及人际关系、环境因素、社会法律及规范，甚至造型艺术等多个方面。

（5）综合评价。工程设计一般是多目标的，而对已提出的多个方案，很难找到一个方案的各项指标都是最好的情况，往往是某些方案的某些指标占优。

因此，如何对各方案进行比较并从中选定最满意者，是综合评价的关键，这涉及评价指标体系的建立、价值理论和多目标决策技术等各种综合评价方法。

（6）设计信息。设计过程本质上是一个通过信息的收集、存储、转换、传递、处理、再生和合成，将功能要求转化为实物结构的过程。

掌握信息收集与处理的原则和方法，特别是设计过程中设计资料的收集分析、设计检验程序及设计思想的表达，对保证设计活动的有效性具有重要意义。

学习思考题

1-1 如何理解"工程"这一概念？

1-2 从认识间隔的角度看，工程设计大致可以分为哪几类？

1-3 国际上关于工程设计方法学的研究，主要有哪些学派？

1-4 工程项目设计管理研究的主要内容是什么？

1-5 相比于一般的管理，工程项目设计管理有何特点？

1-6 本来设计工作是一个科学创造的过程，但同时因为有许多规范和约定，因此又限定了对它的自由发挥，作为一个设计工作者，应该着重培养其创新能力吗？还是应该着重培养其稳重、踏实的工作作风，为什么？

2 工程设计组织管理

工程设计是工程建设的灵魂，是科技转化为生产力的纽带。工程设计是工程建设前期工作的主要内容，工程设计文件是工程建设的依据，工程项目的主要质量特性（除施工、设备制造及安装质量之外），都已由工程设计文件所确定。工程设计水平和质量的高低对工程项目建设的投资、建设进度和投产以后的效果，具有决定性的影响。

因此，工程设计工作必须贯彻执行党的路线、方针和政策以及国家发展战略，坚持调查研究，深入现场，与企业密切协作，精心设计，必须同施工、设备制造、生产等单位紧密结合，保证设计文件的整体质量，这对搞好工程建设具有十分重要的意义。

2.1 设计工作的特点和要求

2.1.1 设计的概念

设计工作是一种创造性劳动，是人类意识活动的目的性和计划性在实践行为上的表现。

广义的设计定义，是指预测与创造某种特定功能系统的一种活动，把科学的合理的构思内容完整表达的一系列工作过程。

设计大体可以分为两大类：一类是工程建设设计，包括建设工程的总体设计、工艺设计、设备设计、电控设计、土建设计、动力设施和公辅设计等；另一类是产品设计，包括轻工、纺织、食品、机械等商品设计，手工艺设计，服装、商标设计等等。本课程所讨论的设计工作，主要是工程建设设计工作。

工程建设设计工作是根据建设工程所在地的自然条件和社会要求，运用当代科技成果，将用户对拟建工程的要求及潜在要求，转化为建设方案和图纸，并参与实施，提供服务，最终使用户获得满意的使用功能和经济效益，并具有良好的社会效益。因此设计工作的起点是对基础资料的收集与分析，设计过程是对各种数据的计算和方案比选，合理地科学地确定设计方案和设计指标，通过设计人员以文件和图纸的形式满足工程建设的需要。设计工作的基本功能，就是把各种科技成果应用到生产实践中使之转化为新的生产力。

2.1.2 工程设计的特点

工程设计是工程建设的关键环节，是基本建设施工、管理和核算的依据，对建筑工程的质量、成本和速度有着直接的影响，对项目投产后的技术经济效果有着长期的重要影响。因此，提高设计质量对提高建设投资效果有十分重要的意义。

工程设计在生产过程、生产方式、生产关系以及产品性质等方面有其固有的特点。

首先，工程设计是一项涉及面广泛、协作配合密切、社会化程度很高的综合生产活动。一项工程设计，需要许多有关方面提供基础资料和设计条件。这些资料与条件，不但为开展设计工作所必需，更是保证设计质量与设计进度的基础。设计与社会各经济部门之间的依赖关系，是设计过程的客观要求。正确地对待和妥善地处理这些关系，才能促进工程设计的顺利开展。

其次，人的活动在设计工作中具有决定性的意义。设计工作主要是投入活劳动，主要是脑力劳动，劳动者是工程技术人员，劳动的特点具有较强的创造性。设计的质量、数量、速度、效益都与劳动者的思想政治素质、技术业务素质等有着直接的关系。设计——这种特殊的投入产出形态，必须高度重视对设计人员的智力开发，调动他们的创造性和工作积极性，使之自觉发挥其聪明才智，为现代化建设事业多做贡献。

工程设计产品的一次性又是设计工作特点之一。每一项建设工程都有其使用目的和功能要求，工程设计是在某种特定的自然地理、社会条件下，针对该项目单独进行的设计，其产品只能适用于设计的项目，是唯一用户的产品，不可能照搬移用其他工程建设。

工程设计工作周期长、政策性强是其又一个显著特点。设计工作既以国家的方针政策作指导，又受国家方针政策的制约。设计指导思想、设计原则和全部设计工作行为，均不得偏离国家方针政策的轨道。各项设计必须充分体现国家有关的技术经济政策。设计工作的这种强烈的政策性特点，要求设计人员要努力学习国家经济建设的有关方针、政策、法规，深刻领会其精神实质，并贯彻于设计过程的始终。

2.1.3　工程设计的基本要求

在建设项目确定之后，设计就成为基本建设的关键问题了。工程建设能不能加快速度、保证质量和节约投资，在建成后能不能获得最大的经济效果，设计工作起着决定的作用。这充分表明，设计是一项复杂而重要的工作，它具有特定的工作要求。

2.1.3.1　遵守科学的工作程序

设计工作程序是指一个工程建设项目设计工作全过程中不同设计工作阶段的顺序。设计工作程序是一种客观存在，是符合设计过程中自然规律与经济规律要求的程序，是科学工作程序。

根据我国基本建设的实践，一个建设项目，从规划建设到建成交付使用，形成新的固定资产，其工程设计一般要经过下述几个工作内容与工作阶段：

编制确定建设项目布局的中、长期规划；

提出拟建项目建议书；

编制可行性研究报告；

编制初步设计文件；

编制技术设计及修正概算（只限于大型或特殊项目）；

施工图设计及编制预算；

施工、配合试车及设计回访总结。

设计工作的这些阶段，相互既有区别，又有密切联系。前一阶段工作是后一阶段工作的基础和前提，后一阶段工作是前一阶段工作的继续和发展。我国基本建设管理部门规定，所有建设项目，特别是大、中型建设项目，都必须遵守上述设计程序，在进行每一个阶段的设计工作时，必须以批准的前一阶段设计文件为依据，经批准后的文件，不得任意修改。凡涉及建设规模、产品方案、建设地点、主要协作关系的修改均须经原设计审批机关批准。

设计程序与基本建设程序有着密切的关系。设计程序是基本建设程序组成部分，并贯穿于基本建设过程的始终。

我国的基本建设程序，包括项目决策、建设设备、施工与投产准备、竣工验收四个阶段。这些阶段是循序渐进、紧密相连、缺一不可的。项目决策是基本建设程序中极其重要的阶段，其主要任务是进行建设项目的立项决策，确定建设项目。通过这个阶段的工作，可以预测拟建项目投产后的经济、技术效果和社会影响，避免立项失误。建设项目立项之后，进入建设开工前准备工作，以及安排建设资金列入年度基建计划。在基建程序的后两个阶段中，设计单位的工作任务主要是向施工单位解释和交底，处理施工总的设计问题，做好现场服务，参加试车与竣工验收，进行设计回访总结。

坚持按基建、设计科学程序办事，是提高基本建设活动效果的有力保证。在基本建设前期工作中，关键是设计，必须抓住设计这个环节。设计单位应千方百计保证设计进度、设计质量。

2.1.3.2 体现设计的科学性

先进、科学、严谨、求实是设计的基本准则。设计过程都是自然科学与社会科学的结合，是技术科学、经济科学和管理科学的应用。设计工作的科学性，具体体现在下述几个方面：

（1）建设条件必须落实可靠。任何一项拟建的工程项目，都必须做到建设条件落实可靠。建设条件包括资源、工程水文地质、原材料供应、水电、交通等等，都要认真逐项落实，这是设计工作的基础，是体现设计工作科学性的重要前提。

（2）严格执行设计规范和规定。每一项工程，都有相应的规范、规定、标准，工程建设设计规范和规定是设计工作的标准，是处理各种问题的准则。

（3）坚持多方案的技术经济比较。项目建设必须以获得最佳投资效益为目的。投资效益反映在经济效益、技术效益和社会效益等诸多方面。投资效益的好坏直接受项目设计方案的影响，而影响设计确定的因素是复杂的、多方面的。因此设计工作只有实事求是地科学地对项目的环境条件、工程条件、工艺条件、设备选型、配合协作条件、运输条件以及其他社会因素、政治因素等等进行综合考虑，提出多个方案进行分析比选，推荐经济、适用、效益最好的设计方案。

（4）积极采用科技新成果。工程设计是将科技成果转化为新的生产力的纽带。设计中要积极采用新工艺、新技术、新设备，但必须坚持"一切经过试验"的原则，在有了技术鉴定之后，才能采用。对国外的先进技术要认真学习，积极消化创新，为我所用。

2.1.3.3 设计要从实际出发

工程设计的质量要求用适用性、安全性、可靠性、经济性、时间性和环境等方面的问题特性来表达用户指定的和隐含的需要。为此工程设计要做到：

（1）设计要符合国情、厂情。要求设计考虑的一切问题都必须从我国的国情出发，从用户的实际情况出发。设计的指导思想、基本原则、生产工艺流程、装备水平以及建筑结构标准等都要结合实际情况。

（2）合理确定装备水平。工程设计确定装备水平，包括设备选择和自动化控制水平的选择。遵循技术上先进、技术上合理、生产上适用以及主辅有别的原则，认真合理地确定装备水平。

（3）设计文件的内容和深度要满足施工要求。设计文件是指导建设的依据，它必须遵照工程建设标准的设计规范进行编制。各阶段设计文件要完整，内容和深度要符合规定，文字说明和图纸表达要准确清晰。

2.1.3.4　要维护设计的严肃性

设计的严肃性表现在以下几个方面：

（1）设计文件形成过程是一个严格检审的过程。各行业设计院一般实行组、室、院三级检审和设计人员互检并签字以示各负其责。

（2）各阶段设计文件都是以审批机关批准文件为依据，具有法律效力，在使用中不得随意修改变更。凡涉及初步设计中平面布置、主要生产工艺流程、主要设备、主要建筑物和建筑标准、劳动定员、总概算等方面的修改，须报请原设计审批机关批准。施工图修改，须经原设计单位同意，并签发《修改通知单》作为凭证。

（3）设计单位须经资格、资质审查，持有行业等级设计证书，才能承担规定范围的设计任务，不得越级承担设计。

2.2　设计工作的组织管理

工程设计工作的组织管理，是设计单位的主要职能，它通过建立一定的组织机构来行使。本节结合目前各行业设计系统情况，对设计单位内部生产组织机构和指挥系统的设置做简要介绍。

2.2.1　设计单位的主要职能

根据我国当前基本建设管理体制和设计体制改革的具体情况，设计单位的主要职能有以下几个方面：

（1）接受国家及地方主管部门或建设单位的委托，承担工程建设项目前期工作和各阶段设计任务。按约定的设计进度，准时提交设计文件，并在设计中认真解决技术经济问题，努力优化设计方案，对建设项目设计合理性全面负责。

（2）在基本建设中发挥承上启下的作用，一方面为建设工程提供高质量的设计文件，另一方面结合工作实际提出新技术开发，并积极推广科研成果，发挥好科技转化为生产力的纽带作用。

（3）充分发挥本单位的技术优势，广泛开展技术合作，向社会提供多方面的技术咨询及技术服务、资产评估等。

（4）坚持改革与发展方向，抓好职工队伍建设，不断提高思想政治素质与技术业务素质，提高市场意识、经济意识、竞争意识、服务意识，强化设计生产能力，更好地为社会主义现代化建设服务。

2.2.2　设计单位生产组织机构设置原则

生产组织机构包括设计室、技术后勤和管理职能机构。生产组织机构的设置，应根据统一领导、分级管理，适应设计工作特点和生产经营需要，以精简、高效等原则来设置。合理地确定生产组织机构，对于强化设计管理的组织职能，促进设计科研等工作，保证生产的顺利,具有重要意义。

为保证生产管理职能机构充分有效地行使管理职能,必须做好以下工作:

(1)理顺纵向管理和横向管理的相互关系,形成强有力的生产指挥体系。明确规定各职能部门的基本任务和职能权限,建立和健全各岗位责任制和考核制度。

(2)培养和提高职能人员整体素质,树立全局观点和群众观点,坚持原则,秉公办事,敢于揭露管理中的矛盾和问题。要通过各种有效形式,对岗位人员再培训。要保持职能部门人员的相对稳定,以利于积累经验,提高管理水平。

(3)制订标准工作流程和方法,促进管理业务标准化运行。

(4)各级领导对职能部门及其人员的职权和工作,应给予必要的尊重和支持。在他们工作遇到困难时,要积极地支持他们。

2.2.3 生产指挥体系

设计单位生产管理是否卓有成效,关键在于有没有一个强有力的指挥体系。生产管理的指挥系统,是指以院长为首的各级行政领导和相应的职能机构,以及职能人员所组成的管理体系。各行业设计院生产一般主要由计划管理、工程管理和技术管理三个方面的工作组成。这三个方面,既互有联系,相辅相成,又各有侧重,自成系统,构成整个设计单位纵横结合的生产指挥体系。其示意图如图2-1所示。

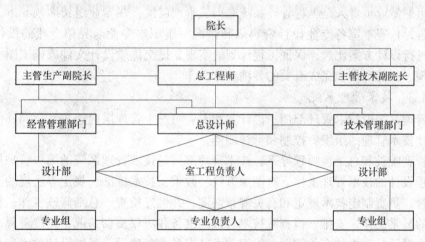

图2-1 设计院生产指挥体系框图

2.2.3.1 生产管理系统

生产管理系统由生产管理职能部门、设计室、专业组三个管理层次和其他配合行使计划管理职能的部门组成,全面行使设计管理的经营、计划、组织、控制和考评奖励职能。

生产管理职能部门是计划管理系统的第一层次,其主要工作是对设计单位的全部经营活动进行全面安排、综合平衡和统一管理;对设计人力进行组织综合调配、组织生产计划的实施和计划进度的管理;对生产计划的安排、调整和平衡进行归口管理;负责对设计统计工作调查、统计分析,编制综合统计报表,行使其统计服务和统计监督等职能,对设计统计工作进行归口管理等等。

设计室的计划管理,是计划管理系统的第二层次,主要是组织执行计划管理第一层次下达的计划指令，使生产、经营计划在本室得到落实，并及时反馈计划执行情况的信息。

专业组的计划管理，是计划管理系统的第三层次，主要是实施计划指令要求本组完成的生产任务，考核和检查其成员完成计划情况的信息，为统计工作提供原始记录。

2.2.3.2　工程管理系统

工程管理系统由工程项目总设计师、各设计室负责人和各专业负责人三个管理层次组成，配合其他管理系统行使工程管理的组织、实施和控制职能。

项目经理或总设计师是工程管理系统的第一层次，全面负责组织实施其管理工程的设计工作，在工程管理中发挥着主导作用。设计单位在工程立项之后，由总设计师负责拟定设计开工报告，确定设计原则和要求；编制阶段进行计划，保证外部对工程设计进度的要求；协调、解决各专业资料周转和设计方案确定中的矛盾和问题，保证设计工作的正常进行；组织施工和试车投产阶段的施工服务及设计回访、设计总结等工作；对重点工程综合性方案和重大技术方案提交院技术委员会确定。

设计室工程负责人是工程管理系统的第二管理层次，在室主任和项目总设计师的领导下，组织本室各专业负责人开展工程设计工作。负责拟定本室工程开工报告，检查本室各专业设计资料周转情况；协调本室的设计方案；保证设计工作进度和设计文件质量，组织本室施工图的会审会签；组织设计技术交底、施工服务和工程总结；组织清理设计原始资料、建立工程档案等。

专业组的专业负责人是工程管理系统的第三管理层次，在专业组长的领导下，负责拟定开工报告，检查本室各专业设计资料周转情况；组织本专业与兄弟专业的设计资料周转；认真进行设计方案比选，保证工程计划的实现，提交优质设计文件或施工图；做好设计资料清理、归档工作和完成有关的各项统计工作。

2.2.3.3　技术管理系统

技术管理系统由技术管理部门、设计室和专业组三个管理层次组成，会同其他管理系统行使设计技术管理的组织、控制和考评职能。

在主管副院长和总工程师领导下，技术管理部门是技术管理系统的第一管理层次，全面负责工程设计的技术管理工作，对国家方针、政策、技术标准、规定等法规的实施情况检查、监督；负责制定技术规定和有关规章制度，并做好检查、总结修改工作；负责院技术委员会的日常工作，安排、检查院技术会议的准备和决议贯彻情况；负责解释、协调和仲裁各专业设计分工中的有关问题；组织技术开发和业务建设；开展设计技术和设计质量的日常管理工作；通过对设计质量的检查及奖惩，对设计质量及管理工作进行考核督促；组织工程回访、工程录像，以及优秀工程设计的评选工作。

在专业副总工程师领导下，设计室行使技术管理的职能人员（如主任工程师或室主任、室副主任等）是技术管理系统的第二层次，负责本室的设计、科研、业务建设和技术开发等方面的技术与质量管理工作；组织室技术会议，共同研究确定设计方案，必要时请专业副总工程师和工程总设计师参加技术会议，共同研究确定设计方案，并检查室技术会议决议和院技术委员会决议执行情况；负责质量管理考核工作；组织技术再培训工作等。

专业组行使技术管理的职能人员（如组长、副组长、主任设计师等）是技术管理系统的第三个管理层次，其主要职责是贯彻院、室二级技术会议决议，负责本专业工程设计的审核，对设计技术与质量把关。

学习思考题

2 – 1 如何理解"设计"这一概念?

2 – 2 设计可以分为哪两类?

2 – 3 工程设计的特点是什么?

2 – 4 工程设计的基本要求是什么?

2 – 5 如何做到设计的科学性?

2 – 6 设计的严肃性体现在哪些方面?

2 – 7 设计院的院长的主要职能是什么?

2 – 8 生产指挥体系的构成及其之间的关系如何?

2 – 9 计划管理系统、工程管理系统、技术管理系统各自的职能是什么?

2 – 10 工程设计的作用是什么?

2 – 11 人在工程设计中的作用是什么?

2 – 12 设计师的基本素养是什么?

2 – 13 每一项大型工程的设计都将各项工作进行细化,由各专业小组分别承担,并在领导协调下进行配合,从生产指挥体系示意图中我们看到专业负责人起了协调作用,问当专业负责人由于某种原因(工作原因或个人原因)没有起到良好的协调作用时,总设计师如何快捷有效地了解最新工程设计进展情况,处理因为小组配合不够造成的设计工作的迟缓?并从示意图中指明其路径并说明原因。

3 工程设计经营工作

长期以来，设计单位属事业单位。国家经济体制改革促进设计体制改革，1979 年国家发改委、建委、财政部联合发出了《关于勘查设计单位实行企业化取费试点的通知》，此后国家又相继颁发了有关文件，为深化设计改革指明了方向。这些文件的基本精神是：设计单位实行有偿经济合同制，按国家有关规定收取设计费；设计工作向两头延伸，开展一业为主多种经营；设计单位内部推行技术经济责任制，实行企业化设计单位转变为企业的试点等等。这是我国设计行业多年来一次根本性的变革，对促进我国设计技术的进步、劳动的提高以及管理的科学化、现代化，都具有十分重要的意义。

3.1 经营工作的原则

经营属于商品经济的范畴，是企业管理中为实现企业目标而对企业各种经济活动进行运筹、策划的综合性职能。经营工作，则是企业执行经营职能所从事的各种管理工作的总称。

在市场经济条件下，设计单位正确制定经营目标和经营方针，并在风险内部条件和外部环境的基础上确定经营策略，积极主动参与市场竞争，以求实现经营目标。

由于设计工作和设计产品的特殊性，构成设计经营不同于其他商品经营的固有特点。指导设计单位处理内部条件、外部环境、经营目标三者之间关系，即为经营原则。在一定经营原则指导下解决经营问题的战略决策，便是经营方针。再考虑到国家制定的长远规划和重大方针政策、社会因素、竞争对手的经营实力和本单位的实际情况，掌握对市场的适应能力，才能确定企业自主的经营方针。

正确的经营原则包含以下主要内容：

(1) 经营者要从战略全局的高度，全面地、系统地看问题，树立全局经营观念，以服务于国家计划为宗旨，同时不断拓宽业务范围，做好技术开发、储备工作。

(2) 应该牢固地树立为用户服务的理念，产品真正取得用户满意，这是开展有效经营活动的前提。做到巩固市场，并不断扩大以及开拓新市场。

(3) 要有追求高效益的观念，以最少的劳动消耗，生产出尽可能多的社会需要产品，这是设计经营工作的核心，但要坚持社会效益第一的原则。

(4) 创新竞争，要善于开发利用本单位的各种条件和优势去适应市场的需要。要研究市场需要的发展趋势，充分利用本单位的技术资源、人力资源，重视市场和管理资源的开发，这些资源开发的程度将直接影响经营效果。只有不断创新才能保持竞争优势。市场经济的竞争，是企业之间择优发展的一种手段，是发挥企业活力的外部压力和内部动力。只有置身于竞争之中，才能发挥自己的设计技术优势和经营业务工作的魅力。因此要敢于竞争和善于竞争，消除畏惧竞争的心理，积极参加设计招标投标，坚决执行《反不正当竞争法》等有关法规，靠自己高超的技术和良好周到的服务占领市场。

重视设计单位本身经济效益。在正确的经营思想指导下，设计单位要面向市场和用户，组织和利用本单位的内外部条件，最大限度地满足市场需要，从而获取最佳经济效益，实现管理目标。在这个活动过程中，要强化经营管理，充分发挥经营管理的作用。

经营问题主要是处理企业与市场的关系问题，加强经营管理有利于产需衔接，使生产适应需要；有利于促进技术发展，市场竞争促进技术发展是通过改善经营管理实现的；有利于调动设计单位全员的积极性，从本单位的实际情况出发，充分调动群体的积极性，最大限度地满足市场需要；有利于培养人才，在激烈的市场竞争中，激发设计人员的创造力、凝聚力，可以锻炼人、培养人，发现人才，同时促使各级管理人员的综合素质得到相应提高。

3.2　建立适应市场的经营机制

设计单位通过企业化取费试点，推行技术经济责任制，实现企业化管理，实行院长负责制，扩大开放，开展国内外经营。开展工程总承包、工程建设监理、技术咨询、技术服务，发展多种经营，实行以工效挂钩为主要内容的不同形式的技术经济承包责任制等一系列改革，解放和发展了设计生产力，促进了设计事业的发展，提高了设计单位的经济效益，改善了职工的工作和生活条件，保持了设计单位的发展、稳定和进步。改革取得了明显成效。然而，随着我国现代化建设和经济体制改革的深入发展，以及市场经济体制建立和运行机制的完善，目前设计单位实行的事业单位企业化管理的体制，已不能适应改革和发展新形势的要求，必须进一步解放思想，转换观念，抓住机遇、深化改革，适时地改为设计企业建立适应市场的经营机制。这是适应市场经济体制的需要，是建立现代企业制度接轨、与国际标准接轨的需要，也是设计体制改革深入发展的必然结果。

设计单位改为企业，关键是建立起适应企业生存和发展的内在机制及其运行的方式。为实现这一重大变革，必须在转变经营机制上下功夫，在转换内部机制中苦练内功，处理好各方面的关系，使内部机制逐步适应市场的需要，创造向企业转变的条件，建立真正适应市场经济的经营机制。

（1）处理好宏观加强管理和微观放开搞活的关系。在转换经营机制的过程中，原机制将失去其完整性和配套性，而新机制正在建立、运作，不可能完整配套，在这个新旧机制交替时期，就会出现某些不协调，甚至一定程度上失去约束力。因此在转换经营机制的过程中，设计单位管理部门就必须下大力气研究实现有效调控的机制和方法，各项改革举措出台时，必须同时提出实现宏观调控的配套措施。

改革越是深入发展越要加强宏观管理，宏观与微观的关系实质上是全局与局部的关系、管理与改革的关系，二者相辅相成。管理是通过对企业各项活动的计划、组织、指挥、协调和控制，有效地调动企业自己可以掌握的人、财、物和时间等各类要素，实现资源有效配置，充分地运用市场经济允许的方法、手段，来获得更高的经济效益。要达到这一目的，往往又需要通过改革来实现。实质上改革的目的是调整各种生产关系，解放和发展生产力；而生产水平的提高又依托严密、科学的管理。因此，从这个意义上说，管理与改革是相辅相成、密不可分的。

（2）处理好目标静态性与过程动态性的关系。《全民所有制工业企业转换经营机制条例》和《全民所有制勘察设计企业转换经营机制实施办法》是指导设计单位转换经营机制、深化改革的纲领性文件，明确提出了转换经营机制的目标：使设计企业适应社会主义市场经济的要求，成为依法自主经营、自负盈亏、自我发展、自我约束的技术商品生产和经营的单位。

尽管设计单位转换经营机制的目标已经确定，但具体改为企业的时间表还没有最后确定。前进的道路上存在不少困难，从外部条件来看，需要国家提供许多政策上的支持，创造一个比较宽松的环境；从内部条件来看，转换内部经营机制是一个时间长、内容多、难度大、逐步渐进的动态过程。设计单位必须细致地抓好这个过程的控制，要从总体上制定出全面的、科学的、可操作性强的框架规划，稳步前进，不断深化，实现以改革促发展、以发展保改革，朝着既定目标推进。

（3）机构改革与资源配置的关系。设计单位必须从经营机制的需要，调整组织机构，实行与之相适应的管理制度和管理办法，改造原有传统管理模式，以合理配置资源适应市场经济发展的需要为基点，构筑新产品结构和组织结构。如果对改造原有传统管理模式，对机构改革还举棋不定，将走入困境。人才资源和设计人员的专业技能是设计单位最重要的资源，保证人才资源的合理使用，应该从积极调整生产组织结构，优化劳动组合和加强人才管理着手。市场竞争，说到底是人才竞争。人才的培养和人才的合理使用，是关系到设计单位生存和发展的重大问题。

机构要简，人员要精。为了充分发挥新的管理结构中职能部门的管理作用、监督作用以及参谋作用，必须把职能管理与经营实体严格地从机构上划分清楚，使职能部门代表企业的整体利益发挥其职能作用，发挥资源的最大效能。同时要重视和强化为知识更新与专业技术提高服务的人才培训机制和为促进科技进步和科技成果转化为生产力服务的新职能作用。

（4）处理好主业延伸与多种经营的关系。设计单位要充分发挥自身的优势，扬长避短，进行技术开发、技术咨询、技术服务和技术转让，走技工贸一体化发展的道路，着重发展主业延伸型的多种经营经济实体。主业延伸要向实业化过渡，二者不可能泾渭分明。从二者的有机联系和依附关系看，应该使多种经营发展为主业和主业延伸服务。对行政后勤服务系统，要通过多种经营，变无偿为有偿服务，变内部服务为面向社会服务，对文印、描绘、电子计算机等部门，尽管与生产关系密切，但适合以多种经营企业方式经营，可以转出去，并以合同形式使其承担本单位指令性的任务。对多种经营企业从明确产权关系入手，通过推行真正的股份制、抵押经营、风险承包等形式，增强经营者的紧迫感、危机感和责任感，理顺管理体制。

综上所述，设计单位应当下定决心，迎难而上，朝着深化改革，建立现代企业制度的方向努力。当前的关键是解决经营机制和经营观念的问题。为此，就要彻底地贯彻市场导向的原则。所谓市场导向原则就是一切行动的出发点和归宿点应当落实在适应满足市场用户的需要上，要善于抓住机遇，发挥自己的长处，为社会主动地做出贡献。

设计单位转换经营机制，增强自身的市场适应能力，首先要解决经营观念的问题：

1）要有危机意识。各设计单位的管理水平、技术素质及历史因素等诸方面的差异，使有的设计单位在设计市场激烈竞争中，节节后退，市场日益萎缩，处境每况愈下，本来是势均力敌，现在逐渐分出高低。市场竞争中的优胜劣汰法则是无情的。

2）要有竞争意识。要想去参与竞争，首先要了解市场、适应市场，要善于抓住机遇，发挥自身优势，敢于依靠在市场经济下的努力，开拓市场，自立自强求得生存和发展。为此，设计单位就要进行不断的变革，要进行制度创新、技术创新和管理创新，才能有一个市场创新，也就是说要居安思危、居安思变。

3）要重视人才的素质。市场竞争说到底是人才的竞争。因此深化改革必须着眼于如何有效提高人的素质，充分发挥人的能力及其积极性、主动性和创造性。长期在计划经济体制要求下养成的依附人格，在改变人的思维方式和确定新的价值观上动作迟缓而落后于改革，使当前技术创新、管理创新、市场创新和体制创新等方面的改革遇到阻力和困难。从一定意义上讲，主要问题在人身上。因此设计单位在建立适应市场经济运行机制时，要充分重视提高人的素质，正确发挥人的能力和创新个性，如果只见制度不见人，改革难以奏效。

转换经营机制，实现四个创新，其主体力量是单位的经营者和劳动者，这两者的创新精神和创新业绩，是该主体力量共同作用的结果。把职工群众中蕴藏的巨大积极性和创造力充分地发挥出来，这是改革的根本目的。

除上述几个关系以外，还有分配关系，市场需求关系，人才流动、质量管理、科学化、民主化决策关系以及两个文明建设等关系。

因此，转换经营机制是一项极为复杂的系统工程，涉及设计单位内部的方方面面。总之，设计单位必须按照中央对我国经济体制改革的战略部署，继续深化改革，转换经营机制，解决制约设计行业生产力发展的诸多消极因素，走生产经营型、质量效益型企业化道路，建立既具有中国特色又与国际惯例接轨的新型工程设计企业。

3.3　管理艺术

管理是一门科学，具有严密的逻辑关系。管理又是一门艺术，恰到好处地运用各种技巧，将有助于取得事半功倍的效果。

3.3.1　领导艺术

著名科学家钱学森先生说过："领导艺术是一种离开数学领域的才能。"确实如此，对领导者来说，在从事科学管理的同时，还往往面对着一些工程技术鞭长莫及的问题，比如：如何激发人的积极性，如何处理没有先例的特殊事件，如何解决矛盾，如何协调人际关系，如何树立领导者的威信，等等。这些都是用计量方法难以定量处理的，却又是领导者无法回避的问题。在现代文明社会中，科学在发展，人们的精神需求也在发展，追求个人自我完善的愿望越来越强烈，这时，一个优秀的领导者就应该兼有管理科学和领导艺术的综合能力，不仅能够从事物的本质和运动规律出发，用数理方法进行分析、运筹、决策，还要以社会科学原理为依据，注重人的主观能动作用，通过艺术的手段促使人的主观意志和客观要求保持协调，解决管理技术无法解决的问题。领导艺术的潜在能量尽管看不见，摸不着，然而，领导艺术水平高的领导人可以得心应手地指挥人群，这一点，恐怕每个人都是能够体会到的。

领导艺术水平的高低，应该是衡量领导才能的重要标志，而领导艺术的具体体现又可以通过多种途径，渗透到各项管理工作中去。

3.3.1.1　用人之道

人是组织的中心要素，是管理的出发点、着眼点和归结点。项目经理或总设计师为顺利地推进组织活动需要在关心工作和关心人两方面达成平衡，调动周围每个人的积极性，提高整个组织的工作效率。于是，高明的领导艺术首先就体现在精于用人之道，能够发现人才，使用人才，吸引人才。

A　组阁技巧

孤掌难鸣，任何组织都先要进行组阁，这是对项目经理或总设计师用人艺术的第一个挑战。

任何出类拔萃的人，也不可能样样精通，总会有某些缺点和不足之处。因此，项目经理或总设计师既要充满自信，也应该了解自己的局限性，懂得个人力量的有限性。在组阁时就要注意选拔能够弥补其缺陷的合适人选相辅佐，以众人之长构筑组织的整体优势。

组建项目班子时，配备人员应该从人的长处着眼，因为世界上没有完美无缺的人，如果在用人时，首先防范人的弱点，一味地追究人的缺点与短处，组成的往往是一个平庸的组织。用人之道应该着力于扬长，岗位设置时可以设法避短，采取不受个人情感影响的、客观的评判标准，帮助能人发挥长处，取得成就，为组织做出贡献。所谓客观评判标准，可以着眼于：第一，是否有真才实学，在现职岗位上是否胜任工作，解决实际问题的能力如何；第二，是否敢于创新，努力开创新局面；第三，是否具有优良的工作作风，包括看问题的敏锐性、条理性，以及处理问题的科学性、严谨性。要按照这样的标准配备组织需要的人才，并进行合理安排和使用。

用人时具体还要注意以下几个方面：

（1）因事设岗，不用多余的人。班子内部专业分工实行相近业务归类、相近机构统一、相近程序合并，以高效精干的原则选人、配人，做到合理定岗、定责，精简机构，防止因人设岗，人浮于事。

（2）用人之长，用人之专。要敢于使用那些优点显著、缺点突出的人，有些人有这样那样的缺点，如：脾气倔强、固执自信、不拘小节、喜欢提意见、甚至顶撞领导等等，但工作有成绩，就不应该拒之门外，而要充分发挥其个人专长，真正做到人尽其才。

（3）用人不疑，疑人不用。根据能力的大小充分授权，为下属提供充分显示才能的工作机会，满足其成就感，促使其加速成长。

（4）职责分明。人员之间应避免分工重复，防止职能重叠，做到各司其职，减少扯皮，加快工作节奏，提高组织效率。

（5）人员组合要考虑专业互补，知识结构互补，性格互补，年龄层次互补，形成比较明显的整体合力。

特别需要指出的是，项目经理或总设计师如果在组阁时能独具慧眼，发现潜在的人才，发掘被埋没的才能，敢于破格起用新人，会使组织具有更大的生机和活力。在这方面即使冒点风险也是值得的。

另外，需要指出的是，领导者要尊重人的个性，容忍他人的缺点，但不应该容忍那些品质不良、道德败坏的人，这种人在集体中会起破坏作用，成为组织的蛀虫。

一个称职的项目经理或总设计师如果能选好人，用好人，在走向成功的道路上就会如虎添翼。

B 命令技巧

项目经理或总设计师在组织中是主帅，围绕总目标有许多具体任务要靠下级来执行，所以，布置工作、下达命令都是项目经理或总设计师经常性的工作。发布命令是促使人的运转，但人不像机器那样简单、机械，心理因素、情感因素都会产生一定的微妙作用，影响着人的行为。现代人已经不习惯过去那种"理解的要执行，不理解的也要执行"的"家长制"，喜欢"理解了再执行"，由此，管理方式上就趋向由"唯长官是命"转向上下协作。领导者不仅要使受令者明白如何去做，还要明确为什么去做。

为了达到好的效果，下达命令时应该注意一定的方式方法：

（1）要求明确，使受令者明白所接受的任务，以及要达到的目的和需要承担的责任。

（2）善于激发下属的工作热情，使下属感到受到了信任，获得了支持力量。思想上产生了共鸣，行动上就会自觉地把组织目标作为自己的工作目标。千万不要动不动凭借职务的权威来支配人。

（3）提示要点，启发帮助，降低下属的工作难度。

（4）留有余地，让下属运用自己的创造力去解决问题，使完成任务成为下属释放能量、自我实现的机会。

一般情况下，上级打算十一件事的意图与卜级完成这项工作的做法往往存在着一定的差距，巧妙地使用命令技巧可使这种差距不断缩小。高水平的领导者之所以令人信服，就因为实施某项计划措施前，总有办法先让下属接受他的想法，领会他的意图，自觉愉快地在他的艺术意识指导下开展工作。

C 激励技巧

一些管理学家在对各种类型的组织进行调查分析以后，发现了一个共同特征，即任何组织中都有工作意愿旺盛的人，也有工作情绪低落的人。前一种人属于自律型，干事积极主动，上进性强，约占二成。后一种人总是对现实怀有不满，喜欢发牢骚，干事消极，这类人也占二成左右。而绝大部分人都介于这二者之间，随着组织气氛的变化而变化，自律型占上风就附和自律型，消极型占优势又会附和消极型。这种分布称为"二·六·二"特征。而领导者一定要想方设法造成自律型活跃的环境，一个重要的途径就是进行激励。激励是激发职工内在的动力和要求，激发他们努力工作实现组织既定目标的过程。

人是有理智有感情的动物，不仅需要物质生活的满足，也需要精神生活的充实。然而，现代企业组织越合理，经营管理越科学，人的精神力量往往就容易被忽视。伟大的爱因斯坦曾经说过，在当今大企业林立的社会中，最大的问题就是人们感到他们个人已被完全遗忘了。一个好的领导者应该使职工确信他们是组织中的重要一员，通过人格上尊重，心理上理解，工作上支持、关怀、信任、荣誉等精神激励，满足人才高层次的需求。当然，对人才也要实行相对优越的物质激励，包括金钱激励、实物激励、环境激励、条件激励、保健激励、爱好激励、时间激励等。这两个方面要互相结合，精神激励要以一定的物质形式来实现，而物质激励又要象征一定的精神意义。这就要讲究艺术性，作为领导必须善于借助这两方面的力量，不失时机地用各种方法调动职工的创造性和积极性。

有效的激励方法有：

（1）制造竞争气氛，用考核、奖惩、任用、升迁等手段鼓励组织中的人员不甘平庸，努力奋进。有些人不求有功，但求无过，这种平均主义的意识观念束缚了人的思想活力，不利于人才的突破。一定要通过施加一定的压力和动力，想方设法打破这种"平衡"。

（2）愉快是人的最佳情绪状态。领导者要有意识地开发这种积极情绪，对有功之臣及时鼓励，使他尽快享受被信任的快感和从事创造性劳动的自豪感，并在团体中树立正面的榜样。

（3）不要迎合职工不合理的要求，对下属的错误不能默认，要敢于做针对性的批评，但要注意批评的方式和场合，尽量不要挫伤自尊性。一个高明的领导应该使受批评者感受到你的真诚，心悦诚服地接受批评。

（4）主动关心群众，造成一种领导与被领导者肝胆相照、患难与共的和谐气氛，建立互相尊重、互相信任、互相同情的心理关系。

（5）分配上拉开差距。根据按劳分配的原则，奖优罚劣，进行物质鼓励，但千万不要把奖赏方式庸俗化。

常言道"强将手下无弱兵"，常常能看到这种情况，同样一个人在不同的环境下会有完全不同的工作表现。所以说，真正的将才总是深谙用人之道，具有鞭策力量，他们知人善任，使下属能够经常处于最佳状态，发挥才干。

3.3.1.2　时间安排技巧

许多项目经理或总设计师都感到时间不够用，每天都有开不完的会议，处理不完的业务工作，应付不完的各种关系，还有解决不完的矛盾，整天处在一种极度紧张的环境中，一点自由支配的时间都没有，弄得心力交瘁，疲惫不堪。尽管如此，外界却仍旧在抱怨管理机构办事拖拉，效率低下，时间观念差，等等。造成这种主客观感觉反差的根本原因在于绝大部分的管理工作者都还不善于管理时间、安排时间。

时间是限制性因素，做任何事都需要时间，而且时间资源没有任何替代品。有人说："时间是构成生命的基本材料。"确实，赢得时间就可能赢得一切。一个有效的管理者应该把时间看作稀缺资源，珍惜时间，合理消耗时间，减少时间的浪费，多做有用功，以提高时间资源的价值。时间资源是单向的，不可逆，也不可储存，所谓把握时间，就要充分利用时间去创造更多的价值，提高工作效率。其实项目经理或总设计师在时间安排上稍稍注意点技巧，完全可能从被时间束缚的窘境中摆脱出来，不妨先从这几个方面试一试：

（1）在时间安排表上果断剔除那些劳而无用，对实现组织目标毫无意义的事。

（2）找出可以由别人代办的事，派他人办理。

（3）"大权独揽，小权分散"。不要事无巨细，亲自过问，要主动从日常琐事中摆脱出来，多考虑重大方针策略。

（4）经常调整一下时间安排表，把可供自由支配的点滴时间集中起来，以保持时间利用的相对连续性。

（5）找出必须解决的关键问题，始终抓住工作重点，集中精力完成最重要、最迫切的事情。

（6）对经常重复的固定工作进行业务程序标准化，形成制度。

（7）对时间实行预控，限定各项工作的消耗时间，努力按计划完成好，坚决改变拖拉松散的工作作风，养成"今天事今天毕"的习惯。

（8）当工作效率不高时，应该马上暂停，转换一下兴奋中心，待恢复到较好状态时再继续。也就是说，用效率作为衡量时间利用率的标准，而不是以工作时间的长短为标准。

这样一来，就会发现，时间其实还是挺有弹性的。一个领导者如果有了较强的时间观念，就一定有办法提高其本人乃至整个组织的办事效率。有的人已经养成了以忙为荣的习惯，往往忙中出错，效率低下。

恩格斯说："利用时间是一个高级的规律。"以最小限度的时间消耗获取最大限度的社会效果，轻松愉快地驾驭时间，享受生命的乐趣，每个项目经理或总设计师都要乐于追求这种境界。

3.3.1.3 开会技巧

会议是沟通思想、明确工作目标、确定工作方案的重要手段，几乎任何组织都要开会，因为担负不同工作的人们需要彼此合作去完成特定任务，并且在某些情况下，所需的知识和经验不是一个人所能全部具备的，必须集思广益。

然而，管理学家又指出：如果组织中每个人都明确他工作的内容，能及时得到他所需的资源和信息，就无需开会。因此，召开会议在某种意义上是对组织缺陷的一种补救措施，花在会议上的时间过量了，就会减少许多工作时间，这是组织不健全的一个标志，表明职责混乱，不能把信息传到需要的部位。另外，还要形成这样一个概念，开会是要花代价的：

$$会议成本 = 劳动生产率 \times 时间 \times 人数$$

也就是说时间越长，人数越多，代价越大。

而现在偏偏是会议又多又长，大事小事都要开会，有关人士、无关人士都得参加，这是组织效率低下的一个重要原因。因此，项目经理或总设计师要使自己所领导的组织成为一个有效的管理组织，就要勇于摒弃陈规陋习，少开会，开小会，开短会，讲求会议的效率和效果。

当然，要使会议开成功并不容易，有许多值得注意的环节：

（1）会议要目的明确，做到议题集中，资料完备，组织者具有控制和协调能力，不允许开成"自由讨论会"。

（2）程序分明，节奏紧凑，不能搞成"马拉松"式会议。

（3）与会者不是听众，要使他们精神集中，成为积极参与者，同主持人有思想上的交流和反馈。

（4）发言者要讲求语言效果，做到这一点很重要，也很不容易，取决于发言者的语言功力，包括几个方面：

1）语言的分量。有分量的语言要反映问题主体的主要环节，言简意赅，不到"火候"不作结论。有些人说话啰啰嗦嗦，空洞乏力，不得要领，就容易使人厌倦，产生"兴趣疲劳"。

2）语言的逻辑性。逻辑是和趣味连在一起的，因而能产生打动人的力量。说话有条不紊，无懈可击，可使人在理智上产生认同感。反之，言之无物，漏洞百出，就根本无权威性可言。因此要边讲边思维，让语言接受逻辑的支配。

3）语言的幽默感。所谓幽默感，就是追求哲理和情趣同时存在的效果，着意创造一种亲切的感情环境。这样的环境对人具有吸引力，并能产生向心力。虽然我们不能强求每个领导人都具备幽默的天性，可这种语言艺术确实具有特殊的作用。当然，幽默并不等于讲笑话，也不能滥用，尤其不能冲淡会议的气氛。

（5）开会所有的程序、方式方法都是为了使会议的结果达到预期目的，并在实际工作中具有指导意义，一定不能忘记会议的宗旨。

会议桌虽小，却大有文章可做，直接反映出一个领导者的工作能力，也是塑造领导者的形象、建立领导者威信的重要场合。

3.3.1.4　谈话技巧

项目经理或总设计师几乎每天都要与许多人打交道，同各种人进行交谈，通过交谈可以掌握对方心目中最有价值的事，了解职工的期待，沟通感情，寻求一致。谈话的方式不同，效果也会不一样，因此谈话是领导者重要的基本功。

谈话要讲究方法：

（1）一般可以先从闲谈入手，创造轻松的谈话气氛，了解一下对方的性格特征，在对方产生信任感以后，才切入正题，进行实质性的谈话。

（2）尊重对方，设法站在对方的立场上，针对对方最关心的事表示自己的兴趣，使交谈双方形成对等的关系。

（3）要了解一个人的真实想法，就要让对方多说话，畅所欲言，自己不要喋喋不休，不要随意打断对方思路，更不要带着"官腔"，以势压人，但可以在适当时机做暗示性引导，避免过分离题。

（4）当对方在思维或语言上发生困难时，应及时提示和协助，避免对方难堪。

（5）当对方情绪激动，说话过火的时候，可巧妙地用沉默来冷处理。

（6）在掌握对方真实思想，掌握问题要点的基础上，动之以情，晓之以理，用对方容易接受的方式，尽量说服对方，但千万不能硬性逼迫对方。

（7）为换得对方的合作，可适当作出某些让步，但关键内容要坚持原则。

谈话很能体现一个人的修养，要视对象不同选择方法，使谈话成为交流思想，联络感情的有效途径。

3.3.1.5　矛盾处理技巧

优秀的领导者应该预见矛盾，尽可能化解矛盾。当然，矛盾是不可能完全避免的，一旦矛盾影响工作，就要设法去解决。解决的方法有：

（1）避免矛盾激化，把矛盾控制在最小范围最低限度内，争取"大事化小，小事化了"，这种方法容易使矛盾缓和，但也可能由于问题悬而未决，时间久了，反而更糟。

（2）公开解决矛盾，由领导（第三者）安排矛盾双方坐在一起，各自申述自己的意见，把问题摆到桌面上解决，通过正面沟通，消除隔阂，解决矛盾，这是一种积极有效的矛盾解决办法，但要求领导者能控制局面，协调能力强。

（3）妥协，从大局考虑，对某些不是原则性的问题可适当退让，进行妥协。妥协要根据具体情况，不适用于解决所有矛盾。

（4）回避矛盾或干脆不予理睬，有相当一部分矛盾随着时间的推移会渐渐淡化，就根本用不着去管，让其自生自灭，但不适用于长期性和一触即发的尖锐矛盾。

值得注意的是，矛盾的存在并不只起消极作用，往往有其积极意义。例如，在竞争的环境下人与人之间、部门与部门之间的矛盾，如果引导得当完全可能成为动力，激发组织内部竞争上进。因此，还要学会利用矛盾，这也是处理矛盾的一种技巧。

D. 卡内基说过，"带动别人唯一的方法是以对方喜好的事作为目标，并且告诉他如何去实现它。"

项目经理或总设计师应该巧妙地运用各种技巧，努力沟通人与人的关系，避免处在被人"敬而远之"的位置，以减少各种误会和隔阂，树立自己"可敬可亲"的形象，在团体中形成凝聚力，成为组织的支柱力量。

当然，运用技巧，讲究领导艺术，绝不是耍弄手腕，玩弄权术。项目经理或总设计师要带动职工，自己先要树立坚定的信念，具有身先士卒的气魄，善于用简捷直观的行动起表率作用，用真诚无私来赢得职工的真心拥戴，这就完全排斥了权术的虚伪性。

3.3.2 谈判艺术

谈判，是代表自己社会集团利益的人们进行的特殊性质的交谈，是彼此间有利害关系的各方，为寻求一致而进行的洽谈与协商。项目经理或总设计师作为承包商的全权代表，在签订各种比较重大的经济合同或协议，处理经济纠纷或社区纠纷，进行合同变更时，经常要同业主、分包商、供货商及其他有关单位进行协商谈判，以维护组织的利益。成功圆满的谈判应该使双方的利益在一定程度上实现平衡，并不是非要争"输"、"赢"，追求"一边倒"的结果。

在谈判中，人们一般总是习惯于根据谈判者的客观身份（职务）来认识谈判的性质和作用。其实，谈判者在以其客观身份出现的同时，还要重视确定自己的主观身份，即自己在这场谈判中准备扮演何种角色，塑造什么样的形象，采用何种策略，希望达到怎样的效果等等。这种角色观念应该从谈判准备阶段就形成，并贯穿整个谈判过程。

3.3.2.1 谈判准备

为使谈判达到理想的效果，先要进行充分的准备，主要工作有：

（1）实力评估。一方面收集对手的背景材料，判断对方实力，站在对手的立场上，考虑其实际需求，掌握对方急于签约成交的程度；另一方面还得弄清自己在这场交易中的相对位置，即有没有优势，有多少优势，是否理由充分，在法律上能否站得住脚，舆论对自己评价如何，等等。做到知己知彼。

（2）确定谈判目标。首先摒弃不切实际的谈判要求，通过乐观估计和悲观估计定出想要达到的最高目标和能够接受的最低限度，定出自己的期望目标。

（3）让步准备。谈判的目的在于寻求一种双方受益的结果，因此让步是必要的，既是合作精神的具体体现，又是促使对方让步的代价。但是，真正要实现利益的均衡又是一件复杂的事情，要知道每次让步都实实在在意味着自己的损失，一定要事先进行通盘考虑，否则，很可能出现得不偿失的结果。应该对各种让步方案按价值大小排一个顺序，使让步让在刀口上，用自己较小的让步给对方带来较大的满足。让步的幅度不宜太大，节奏也不宜过快，千万不要做无谓的让步，每次让步都应该换取对方的相应让步。让步不是无限制的，重要的问题要力求使对方先让步，对某些原则问题绝不能让步。这些都要事先心中有底。

（4）角色设计。一般可根据对手的情况来进行角色准备。对手实力很强，态度强硬的，如果你的形象软弱无能，对手定会得陇望蜀，步步紧逼，为限制对方的心理优势，就要尽量采取措施加强自我优势，加重自己的砝码，以对等的身份出现。反之，对手相对软弱，则要设法消除其戒备心理，提高对谈判的期望和兴趣。

（5）内部配合。项目经理或总设计师作为谈判的核心人物，可根据谈判业务、性质配备谈判助手。谈判先要在内部统一思想，明确目标，形成默契，避免谈判过程自相矛盾。有些重要谈判，可事先召集有关专家，集思广益，共同讨论和制定对策，设计谈判方案，有时还可进行模拟谈判，做更精细的准备。

3.3.2.2　确定策略

不同类型的谈判要采用不同的策略，常用的策略有：

（1）"剥笋子"策略。这类谈判，双方都不透露自己最大的目标愿望，在谈判中尽量保护外围利益。例如，材料设备的购销谈判，供应商一般不会事先透露自己能够接受的最低价格限度，而项目经理或总设计师也不能透露能够接受的最高价格限度，于是在谈判中价格金额就像剥笋子一样，逐层剥去，直到双方都能接受。作为供应商，为了保护其利益总会把这只"笋"设计得大一些，壳薄一些，层次多一些，让买方去剥，设计得越复杂，买方就会觉得对方作出的让步越大。因此，机智的买方应当更加注意从得到实际利益的多少，判别对方的让步程度，而不单是对方的让步次数。

（2）"穿衣服"策略。这类谈判，双方先亮出自己的目标，然后谈判双方讨价还价，据理力争，以对方的让步来争取自己的外围利益。好比往自己身上穿衣服，一件件地加上去，尽量多穿几件，争取质地好一些，一直持续到双方利益相近时，达成协议。例如，动迁配合，目标是确定的，关键是一方要通过动迁获取其他利益作为补偿，而另一方一般也会通过适当让步争取尽早开工从而在业主那里获取期望的效益。

（3）"大香肠"策略。意思是像切香肠一样，一部分、一部分地分割对方的利益。这类谈判，参加者按各自负责内容，分别谈判，技术人员只谈技术问题，财会人员只谈价格问题，等等。每人都在自己的受权范围内尽量争取利益。对方时间久了懒得讨价还价，就会作出让步。这样你切一片，我切一片，倒也成绩可观。

3.3.2.3　控制谈判程序

绝大多数的谈判中，都存在着程序问题。所谓复杂的交易，其实就是指谈判程序的复杂，程序越多，控制程序问题就越重要。控制谈判程序，关键要控制好谈判议题的选择和排列。一般原则是：

（1）把一些不太关键的问题放在开始，讨论这类问题双方都容易让步，可使会谈先形成一个和谐的气氛，有一个良好的开局。

（2）把最重要的问题，放在自己精力充沛，状态最好的时候谈。

（3）谈判中可不断回顾合作历史，回顾成果，强调双方一致的共同利益。

（4）出现僵持时，应设法改换议题，缓和一下气氛。

3.3.2.4　谈判结论

一旦弄清解决问题的症结，双方意见趋于一致时，就要尽快将达成的协议形成正式合同文件，使谈判结果真正生效，防止悔约。

3.3.3 公关艺术

这里介绍一些基本的公关原则及技巧。从项目设计管理的特定条件出发，可以采取以下几个策略。

3.3.3.1 与对手站在一起

不同的组织，在利益动机上总会有各自不同的考虑，彼此存在着利益上的对立和竞争是很正常的事，而懂得公关艺术的人一般不是通过剧烈对抗的方式解决矛盾，而总是先去寻找共同的利益相关点，向对方揭示这种相关关系，启动共振意识，自然地与对手站在一起解决矛盾，使对方自愿产生合作的愿望。在这个平衡点上进行利益分配，以互惠互利为前提，就容易产生积极的效果。

项目管理众多的经济关系都可以建立在互利的基础上，比如，承包者处理同业主的关系时，从业主的需求中就能找到自己共同的意愿，优质、低耗、高速是甲、乙双方共同追求的，虽然双方的实际获益内容可能不同，但立足于这一统一的目标体系，对话时就会有许多共同的语言，一旦发生利益冲突，也有可能牺牲一些暂时利益、局部利益，作出适当让步，以保全自己的最终利益、整体利益。

3.3.3.2 与公众站在一起

公共关系是影响和获得公众的艺术，没有公众，公共关系就成了无源之水，难以存在和发展。公共关系的公众是与主体组织利益直接相关的组织和个人的总和，具有多层次、多元化的特点，从而决定了公关工作的主体性、多维性和全方位性。一定要与公众站在一起，尽可能为组织创造一种良好的社会环境，吸引更多的人关心组织，以获得社会公众的普遍支持。

项目经理或总设计师是承包商在项目上指定的代理人，尽管他们所从事的工作性质是一次性的，但是，项目班子的组织形象却直接关系到整个承包企业的社会形象。不能完全从实用主义出发，不能急功近利，把目标公众看作利用的对象，而应该多层次、多角度、经常性地影响公众的态度，进行正面宣传，主动为公众服务，广结人缘，联络感情。持之以恒一定会改良公众态度，被公众认同，树立亲切的形象和良好的信誉，进而激起公众对组织活动有利、对企业发展有利的行为。

3.3.3.3 危机处理技巧

危机状态下的公共关系是一个难点，由于危机本身存在着极大的破坏作用，因此处理是否得当，效果截然不同。工程设计往往会发生一些意外事故，一个管理严密的项目组织，即使预防措施比较周到，也会面对"万一"。比如，重大伤亡事故，设计失误事故等等，这些事件一般又是传播媒介关注的热点，曝光之后会面对极大的压力。对此，项目经理或总设计师事先就要有一定的心理准备，在这种时候，最忌讳的是向社会公众搪塞和隐瞒错误，这样做只会造成人们更大的不信任，只会更严重地损害组织形象。应该面对现实，勇于承认错误，承担责任，表现出解决问题的诚意和决心，显示出不怕挫折的勇气和信心，积极提出纠正措施，以诚恳的态度求得公众的谅解。如果日常公关工作基础较好，组织信誉较高，又处理得合乎情理，相信危机很快会过去的。

摆脱危机的最好方法是在被动中把握主动，在强大的外部压力下从容地进行引导和解释，认真负责地处理危机，争取一个比较圆满的结果。可以把危机的处理全过程做清晰透明的宣传，不要害怕曝光所扩大的影响，如果方法得当，反而可能很快消除阴影，甚至有可能利用公众的注意力，进一步提高组织的可信度和知名度，把坏事转变成好事，使危机成为转机。

　　实践证明，项目设计管理离不开公关协调。事实上，过去我们已经开展了不少公关工作，尽管这些活动"不带公关标签"，但作用已经不小了。今后，如果能够自觉地展开，就一定会做得更好，取得更大的成绩。

学习思考题

3－1　怎样正确处理企业与市场的关系？

3－2　什么是正确的经营思想？

3－3　设计单位怎样才能增强自身市场适应能力，变传统的计划经济为社会主义市场经济，建立既有中国特色又与国际接轨的现代新型工程设计企业？

3－4　作为设计单位的领导，你怎样搭建你的领导班子，怎样吸引人才，怎样挖掘人才，怎样培养人才，怎样管好、用好人才？

3－5　谈话很能体现一个人的修养，那么有哪些讲究呢？

3－6　谈判中可能存在的问题及应对策略是什么？

3－7　怎样增强企业团队意识？

3－8　企业领导的批评艺术是什么？

3－9　工作中你遇到了三类人：第一种是有较强的工程设计经验，但其观念和知识已经逐渐过时；第二种是刚走出校门的大学生，思维活泼，基础知识扎实，但缺乏工作经验；第三种是既有丰富的设计基础知识，又有较强的工作经验。你在组阁时应该如何安排这三类人？你在布置工作时，应该采取什么样的命令技巧？

4 工程设计管理

一个建设项目的整个实施过程，从项目决策到建成投产，由建设项目所属的行政上或业务上直属管理的上级机关、勘察设计单位、施工单位和建设单位管理，共同努力各负其责，保证项目建设的顺利实施。因此，建设项目确定之后，如何按照基本建设程序循序进行，组织好参加建设的有关专业单位之间的分工协作、密切配合，管理好建设的全过程，又好又快又省地完成建设任务，是基本建设组织与管理要解决的问题。

4.1 基本建设管理简述

4.1.1 基本建设的概念和特点

基本建设是形成新的固定资产的生产经济活动，包括新建、扩建、改建、恢复、更新及与之连带的各项工作。

基本建设的目的在于形成新的固定资产，以增加新的生产能力或提供新的效益。凡达到国家规定的工程规模、投资限额，就必须列入基本建设计划，按基本建设程序办理。基本建设既是物质生产活动，又是经济活动，必须按客观规律办，讲究经济效果。为了使整个社会的再生产能连续不断地进行，必须有固定资产的再生产，而固定资产的再生产又包括简单再生产和扩大再生产两个范畴。基本建设固定资产即新增固定资产的形成是通过"购置"和"建造"两条途径实现。所以，从广义上讲，基本建设形成固定资产的过程不仅包括生产过程，还包括流通过程，它涉及社会再生产过程的各个方面。

基本建设与一般工业生产具有不同特点，基本建设产品相对于一般工业产品的固有特点为：位置固定——不可移动性；造型庞大——不可分割性；坚固耐用——使用的持久性；按指定的要求生产——用户的特定性。与之相关联地形成了基建生产过程的特殊性，即基建生产的流动性；基建生产过程的艰巨性、长期性和不可间断性；基本建设生产的个体性和基建生产内外联系的广泛性。

基本建设在国民经济建设中意义重大，它对国民经济的发展有举足轻重的影响。在我国，基本建设是国家社会建设的一条重要战线，为我国的国民经济和国防现代化奠定了物质与技术基础，为逐步提高我国人民的物质文化生活水平创造了条件。

4.1.2 基本建设管理的任务和内容

基本建设管理是指对基本建设过程进行决策、规划、组织、指挥以达到充分发挥投资效益目的的一系列活动。它包括计划管理、设计管理、施工管理、劳动管理、物资管理以及投资管理等主要内容。

基本建设管理的内容为：从我国的国情、财力出发，坚持需要与可能相结合，积极而又量力地安排好基本建设的规模、方向、速度和布局；从方针政策、体制、办法上，正确处理中央与地方、宏观与微观，各个环节之间一系列责权划分与经济关系，使基本建设各方面的工作能密切协作配合；研究、总结、推广国内外的先进技术和管理经验，使基本建设真正做到少投入，多产出，保证建设任务的圆满完成。

根据我国基础建设现行管理体制，国家发改委、建设部担负建设规模、投资方向、建设布局等重大宏观决策，以及大中型项目的确定安排、项目建议书和可行性研究审批等重要职责。国务院各部门的发展规划司局、建设协调司局和各省的地方计经委，是基本建设的综合管理部门，按国家的方针、政策，对所属部门、地区的基本建设工作进行全面管理。此外，财政、银行、建工、环保、消防和物资等部门也分别担负着管理基本建设的一定职责。在基层，建设单位、勘察单位、设计单位和施工单位直接担负着建设项目一定的具体任务。

建设单位负责实施建设项目计划，实现计划规定的投资效果，在基本建设过程中起着主导作用。建设单位的主要职能是进行基本建设管理，全面负责工程建设任务的组织。建设单位必须按照基本建设程序和进度要求，抓好各阶段每个环节的工作。建设项目的设计工作，一般委托设计单位承担。比较简单的项目，如果建设单位有设计力量，可由建设单位按照程序要求和批准手续自行完成。建设单位根据项目进展的不同阶段，提供相关的基础资料，以满足设计文件编制的要求。

为了加强和规范企业发展规划与建设项目的环境管理，坚持在发展经济的同时做好保护环境，严格控制新的污染，对企业发展规划和一切新建、扩建、改建及技术改造（含重大修理）工程等建设项目的环境保护管理，按《中华人民共和国环境保护法》、《国家关于建设项目环境保护管理规定》等有关法律、法规严格执行。

遵照该规定，建设项目由项目建议书开始，直至项目正式投产使用，需执行下列环境保护管理制度：

（1）环境影响报告书（表）审批制度。

（2）防治污染和其他公害的设施与主体工程同时设计、同时施工、同时使用的"三同时"制度。

（3）建设项目施工期环境保护管理规定。

（4）建设项目环境保护设施竣工验收制度。

所有建设项目都要执行预防为主的方针，实施排污总量控制，实行资源优化配置，推行清洁生产。各行业各级环境管理部门和企业、事业单位的环保职能部门是相应的建设项目环保归口管理部门，对建设项目的环境保护实施全过程的监督和管理。

建设单位未办理建设项目环境影响报告书（表）、初步设计、开工报告等审批手续的不得擅自施工。

建设项目实施环保监督审计，建设单位与施工单位、工程建设监理单位签订合同时，必须有相应的环境保护内容。

施工过程中，施工单位应当保护施工现场周围的环境，防止对自然环境造成不应有的破坏，防止和减轻粉尘、噪声、振动等对周围生活区的污染和危害。建设单位会同施工单位制定环境保护措施。由于不可避免的原因对周围环境造成的破坏，建设项目竣工后，责任单位应予以修复。建设单位的环保部门应进行经常性的监督检查，确保实现环保设施与主体设施同步竣工投产的目标。

建设项目试生产前，负责工程建设的部门组织有关部门检查项目的环保设施是否符合批准文件的内容，并与主体设施同时竣工。建设单位负责将检查结果和准备试生产的计划，报告相关的环保部门。经当地环保行政主管部门检查同意后，方可进行试生产，环保设施必须与主体设施同时投入运行，并做好环保设施运行记录和环境监测，在规定时间内达到设计能力和标准要求时，按《建设项目环境保护设施竣工验收管理规定》办理竣工验收手续，否则不能正式投入生产或使用。

建设项目环保管理程序示意图，详见图 4-1。国有单位固定资产投资实行法人负责制。项目法人应充分重视项目设计工作。为搞好项目设计管理、控制项目投资和建设标准，建设单位应对设计工作实行集中统一的一级管理。建设单位必须委托有相应资格和业绩的设计单位，编制设计文件，对提供设计的基础资料的准确性负责。

设计文件的落实是基建各阶段工作得以顺利进行的前提条件。建设单位的工作内容，随着建设阶段的不同而变。在前期工作阶段，工作量大，涉及面广，周期较长，其主要工作有以下方面：

（1）建设方案的确定。做好项目决策工作，编制项目建议书，可行性研究报告，环境影响评价报告，厂址选择报告以及水、电、交通、用地协议等一系列内容。

（2）进行设计委托。项目立项后，建设单位进行设计委托，签订设计合同，提供设计要求的设计基础资料。当一个项目有两个设计单位进行设计时，应确定一个设计单位进行设计总包。初步设计完成后，及时报送上级主管部门审查。设计单位必须遵照审查意见组织好施工图设计，满足建设进度的计划要求。

为了保证设计质量和满足建设施工准备的要求，要提前安排设计，给设计单位必要的设计时间。任何一项工程设计，按照基本建设程序和设计程序，都是复杂的综合性工作，都有一定的过程，没有一定的时间，不可能作出好的设计。另外施工准备也要依图纸为根据，避免设备订货和材料准备的盲目性，消除不必要的人力、物力、财力的浪费。

（3）做好建设施工准备。建设单位根据批准的初步设计，编制建设项目总进度计划和年度建设计划，选择好施工单位，签订施工合同；按初步设计总平面图的需要，办理土地征用、青苗赔偿、障碍拆迁等工作；做好设备成套订货，其进度应符合建设计划要求；协调施工单位、设计单位、供货单位的关系，做好"三通一平"工作；办理开工手续，开工报告批准后方可开工。前期工作完成后即进入建设施工阶段，此为基本建设工程由设计蓝图转化为实物的阶段。这一阶段的主要活动是以施工企业为主体开展建筑安装工程。设计单位应积极处理施工发生的设计问题，同时建设单位要着手进行生产准备工作，这是基建工程能否顺利建成投产和投产后能否尽快达到设计能力的重要条件。建筑安装工程完成后即进入竣工验收阶段。竣工验收工作分为两个阶段，一是设备试车，进行交工验收，做好单体设备试车和系统联动试车，由施工安装单位负责，设备制造单位参加，试车合格，建设单位验收；二是负荷试车，由建设单位负责，施工安装、设备制造、设计单位参加，按照负荷试车规程，向联动机组投料，在规定时间内运转正常，转入试生产阶段，最后由上级主管部门组织竣工验收。其后建设单位要做好结算，编制竣工决算报告。

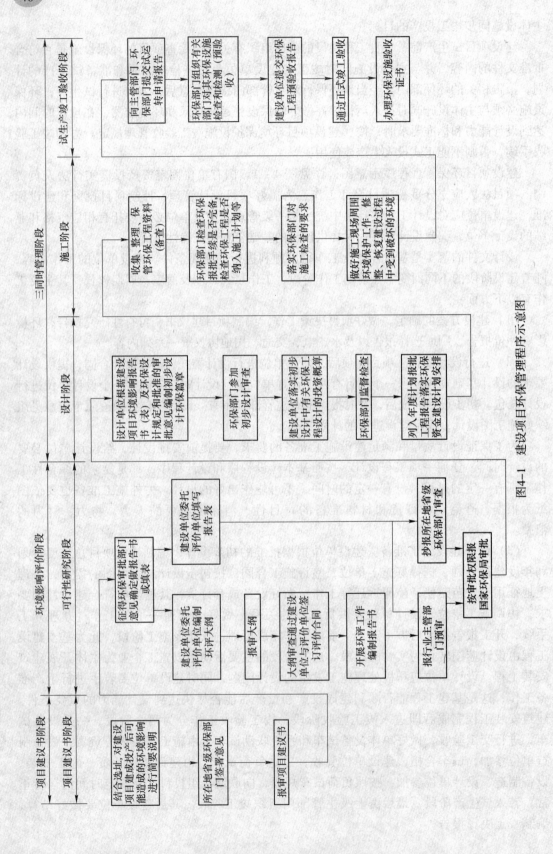

图4-1 建设项目环保管理程序示意图

4.2　工程设计的管理

4.2.1　设计单位业务范围

设计单位的业务范围包括协助建设单位编制项目建议书,编制建设项目的可行性研究,编制环境影响评价报告、厂址选择报告、总体发展规划、初步设计、技术设计(大型项目、技术复杂的项目)、非标准设备设计、施工图设计、电控设计、控制软件编程,编制招标或投标书、项目评价报告、资产评估报告,预算编制与审查以及技术合作或联合、技术咨询、技术服务、技术开发研究等等。按工程性质划分可以承担新建、扩建、改建工程,对现有企业的技术更新改造工程,节约能源和"三废"治理工程以及建筑物、构筑物的抗震加固设计等。设计单位必须对合同范围内承担的设计质量全面负责,按设计资格证书规定的级别和业务范围承揽建设项目。对设计文件和图纸逐级审核,分别签字盖章,文件深度必须符合国家规定的要求。初步设计文件,院长、总工程师要签字,并加盖公章。施工图按规定加盖专用章。

大型的工程项目有时需要几个设计单位参与设计工作才能完成。当一个建设项目由几个设计单位共同参与设计时,主管部门或建设单位要确定一个设计单位进行设计总包,一般是以负责主体工艺设计的单位为总包单位。总包设计单位是建设项目的设计总负责单位,对建设项目设计的合理性和整体性负责。在完成自身承担的设计任务外,还要做好以下工作:协助主管部门和建设单位综合协调全厂性工艺、公用设施和设计衔接、设计进度,组织全厂性总体方案的讨论;负责各设计单位之间设计资料的交接;组织编制项目总说明、总图、总定员、总概算等。因此建设单位必须与总包设计单位签订总包合同,支付相应费用。分包设计单位的职责有:按统一规定的要求,完成合同范围的任务,对分包设计质量负责;向总包设计单位及时提供有关情况和资料;主动与设计总包单位搞好协作配合工作。

设计单位对工程设计的管理还应包括单位内部的工程设计项目管理,计划管理,费用管理,人事管理,质量管理,技术管理和新工艺、新技术、新设备的开发推广及应用等的管理,从而保证设计单位在市场竞争中不断保持领先和优势地位。

4.2.2　设计阶段划分

工程设计是一项复杂的技术、经济综合性工作,必须尊重科学,严格按设计程序办事。设计工作要有准备、有步骤地循序进行。

设计阶段按与基本建设程序相对应划分,可分为四个阶段:

(1)设计前期阶段。也可称为设计准备阶段,包括规划、项目建议书、可行性研究、厂址选择等工作,以及设计基础资料收集等,主要为建设单位的项目决策、立项工作服务。

(2)设计文件编制阶段。一般建设项目按两个阶段设计,即初步设计(或扩大初步设计)和施工图设计。对技术上复杂而又缺乏设计经验的建设项目,可按三个阶段安排设计,即初步设计、技术设计和施工图设计。

(3)施工和投产阶段。主要是施工现场服务,参加竣工验收和试生产,进行设计总结。设计现场服务人员要尽量组织原设计人员参加，并保持一定的稳定性，有利于及时解决问题。

（4）设计工作结尾阶段。当建设工程竣工验收投产以后，设计单位要做好全部设计资料、法律性材料、设计文件、图纸的归档、建档工作，适时组织好对投产项目的回访，做好工程总结。

4.2.3 设计文件的审批

设计文件的审批实行分级管理、分级审批的原则。

大中型新建项目的规划、项目建议书、可行性研究由国家发改委审批；总投资在限额及其以上的技术改造项目由国家经贸委审批；总投资在 2 亿以上的项目需报国务院批准。对于小型新建项目总投资在限额及其以下的技术改造项目，其项目建议书、可行性研究由国务院主管部门、省、自治区、直辖市审批。建设项目的可行性研究报告由主管部门授权于权威工程咨询公司组成专家组进行评审，提出评审报告书，同时由银行对建设项目按有关规定进行评估。

大型建设项目的初步设计按隶属关系，由国务院主管部门或省、直辖市、自治区组织审查，提出意见，报国家发改委批准；对于特大、特殊项目，由国家发改委报国务院批准。技术设计按隶属关系由国务院主管部门或省、自治区、直辖市审批。技术改造项目总投资在限额或限额以上的初步设计，由国务院主管部门或省、自治区、直辖市组织审查，提出意见，报国家经贸委批准。

中型建设项目的初步设计按隶属关系，由国务院主管部门或省、自治区、直辖市审查批准，批准文件报国家发改委备案。国家指定的中型项目初步设计要报国家发改委批准。技术改造项目的初步设计按隶属关系，由国务院主管部门或省、自治区、直辖市审查批准，批准文件报国家经贸委备案。

小型新建项目总投资在限额以下的技术改造项目的初步设计按隶属关系，由国务院主管部门或省、自治区、直辖市规定的审批权限进行审查、批准。

建设单位接到初步设计文件后，应进行预审。建设单位行文报审初步设计时应附预审意见。初步设计的预审查，由建设单位负责组织，设计单位应向建设单位提供工程概算表、工程量计算书、补充单价分析、主要设备重量和价格等基础资料。审查会议应对项目内容、工程量和建设标准进行认真审查。在设计单位根据审查意见进行修改后再上报初步设计审查部门核批。送审的初步设计文件扉页应有工程设计证书及承担设计范围规定的复印件。

设计文件的审查按分级管理原则实行分级审查，由审查部门组织审查和批复。

建设单位与设计单位签订设计合同时，设计费不能低于或高于收费标准的10%，否则应视为无效，设计审查部门不受理审查。施工图设计除主管部门指定要审查者外，一般不再审批。

设计单位要对施工图质量负责，并向建设单位、施工单位进行技术交底，听取意见。设计文件是工程建设的主要依据，经批准后不得任意修改。凡涉及建设项目的主要内容，如建设规模、产品方案、建设地点、主要协作关系等方面的修改，须经原设计审批机关批准。涉及初步设计的主要内容，如总平面布置、主要工艺流程、主要设备、建筑面积、建筑标准、总概算等方面的修改，也须经原设计审批机关批准。修改工作由原设计单位负责。施工图的修改须经原设计单位同意，并由其发出修改通知单。

图 4 - 2 为国内外基本建设程序与设计程序的关系图。

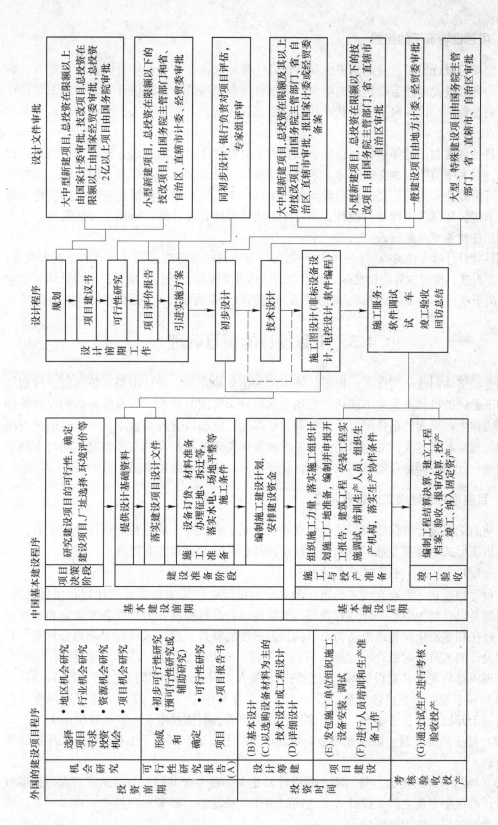

图4-2 基本建设程序与设计程序关系

4.2.4 项目设计班子的组织

工程项目设计班子，就是为完成某项设计任务确定各有关专业设计人员相互配合、共同工作的有形或无形的劳动集体或组织。计划管理部门要负责工程设计班子的组织和设计人员的动态管理。设计班子应包括项目经理或总设计师、各室负责人、专业负责人及参与设计的人员。

项目经理或总设计师应保持稳定，以有利于对设计全过程的管理，以及总结经验，提高水平。对大中型项目，必须选定专职项目经理或总设计师；小型项目、简单的或临时性任务，可由专业室人员担任兼职总设计师。根据中华人民共和国注册建筑师条例实施细则规定，承担民用建筑工程项目设计，须由注册建筑师任总设计师；承担工业建筑须由注册建筑师担任建筑专业负责人。

项目总设计师人选的确定，一般由计划部门与项目经理部或总设计师室的负责人商量，提出推荐人选，报请主管院长批准。项目总设计师是受院长委托，对所承担的设计项目全面负责。关于项目经理或总设计师的职责、业务范围以及素质要求将在后续章节详细阐述。

4.3 工程设计的项目管理

随着经济体制改革的深入，市场经济体制的建立和完善，设计市场竞争加剧，计划经济体制下形成的机制愈来愈不能适应市场变化和科学管理的要求。只有探索新的设计管理模式，实现生产要素的最佳配置，责权利均衡匹配，使项目管理高效率，以适应用户对项目的参与程度越来越大，对项目的技术要求和管理要求越来越高的实际情况。同时围绕项目，推动设计单位同各职能部门的工作，促使其高效化和规范化来满足项目实施的需要。

4.3.1 目前项目管理模式的管理特征

目前的工程设计项目管理模式是计划经济体制下形成的。从各行业设计单位来看，工程设计组织形式主要有专业科室和综合科室两种，其管理模式各有特点。

4.3.1.1 专业科室管理模式的特征

这种管理模式是垂直直线式的组织形式，由设计单位集中负责经营计划和项目管理，内部机制是以计划为中心。计划管理部门实际是以行政机构的权力支配各专业室和工程项目，行政化和垄断化使管理沦落为单一的计划进度的管理。设计人员按专业划分科室，开展工程设计的人员临时组合，专业人员调度安排、专业把关、收入分配等权利属于科室，项目经理或总负责人（总设计师）只是临时召集人。因此这种管理模式具有以下特点：

（1）易于发挥专业整体优势。设计人员以专业集中于一体，技术决策更有深度和广度，有利于开展设计业务建设、技术储备、人员培养，整体技术水平提高较快。

（2）便于质量控制。由专业科室安排设计和把关人员，有利于工程设计的工序控制和质量管理。

（3）项目管理跨度大。每一项工程设计都是由多种专业共同参与，造成管人与管事分离，设计过程中专业之间、设计人员之间的协作关系复杂，经常出现扯皮、推诿现象，致使日常大量工作是忙于组织协调。

（4）对外反应迟钝，难以适应市场竞争快速反应的需要。

4.3.1.2 综合科室管理模式的特征

综合科室管理模式是采取横向直线式的组织形式，根据工程设计对各有关专业人员的需要，组合成综合配套的设计室。这种综合室都可以独立承担一定的工程设计，集经营计划、项目管理、专业把关、收入分配于一体。这样的管理模式具有以下特点：

（1）工作效率高，管理层次少，对外反应灵敏，有利于提高工作效率和简化经营机制，比较适应市场竞争的需要。

（2）有利于内部竞争。由于各综合室都有对外经营职能，并可独立承担具体的工程设计，有利于搞活单位内部的竞争，提高职工的积极性。

（3）不利于专业整体水平的发挥。不利于开展业务建设、人员培养、设计质量和技术水平的提高。

（4）不利于质量控制。各工序质量和技术把关比较困难，特别是对大中型复杂工程项目的技术把关，总体方案质量的保证更难。

4.3.2 现代项目管理模式的管理特征

矩阵组织结构是现代项目管理的一种新型模式，采用项目经理负责制，以项目为核算单位的管理模式，是国际上成功运行的工程设计项目管理体系。在矩阵式组织结构中，稳定的职能部门和临时性的设计班子交义作用，对坏境的适应性强，机动灵活，具有弹性。设计单位设置稳定性的专业室和职能部门，用矩阵方式调配设计管理人员和设计人员，充分利用人才资源。这种运行机制是以现代化管理理论为指导，以科学技术为手段，以利润最大化为目的，为用户提供一流服务的工程经营管理模式。

这种模式具有以下特点：

（1）以信息论、控制论和系统工程学为理论基础，把工程设计项目视为在一定环境中由多个相互联系、相互作用的要素组成的处于运动状态的系统工程。

（2）实行项目经理负责制。项目经理代表设计单位执行合同，组织和领导设计项目的全部活动，负责项目的进度、费用和质量控制及总目标的实现。

（3）采用先进的项目管理系统软件，包括报价系统、计划和进度控制系统、估算和费用控制系统、报告系统等，以提高项目的管理水平。

（4）对项目实施矩阵管理，独立进行项目核算。内部机构的设置以有利于项目实施为出发点，项目成员由各专业室派出以保证用最优化方式完成项目管理。

矩阵式组织结构形式如图4-3所示。

推行项目经理负责制，实施项目的矩阵式管理，要围绕项目过程，建立和完善市场开发项目管理和技术开发系统。为此必须改组现行的职能机构，转变某些职能部门的职能，转变观念，以服务于项目管理为中心，研究市场，开发市场。技术开发部门要研究技术发展动向，制定技术开发方向，并确保新技术在项目中的采用和推广，不断推出新技术，保持竞争优势和领先地位。

建设部要求"勘察设计企业生产经营活动要以工程项目为中心"，"建立健全项目管理体系全面提高企业管理水平"，"实行专业科室与项目组相结合的矩阵式动态管理体制，健全项目经理考核、聘任制度"。

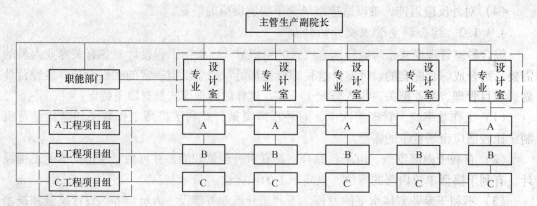

图 4 - 3   工程设计项目矩阵式管理组织结构示意图

以项目管理为中心，要抓住两方面的工作，其一是建立和健全项目管理体系；其二是积极推行按项目考核的项目经理负责制。项目管理体系主要围绕质量管理为核心，以转变经营机制为先导，处理好项目内各有关专业的分配比例关系，处理好职能部门、科室和个人的分配比例关系，按照"效率优先、兼顾公平"的原则，调动设计人员和项目经理本人的积极性。

当今世界范围内的现代企业制度的根本特征在于建立科学—理性的企业决策制度。其中科学决策制度的核心是选拔好合格的项目经理，理性决策的核心在于激励并督促企业经理保持经营活动的责任心和创造性。这是现代企业制度的思维方式的变革。

4.3.2.1   建立项目经理负责制

实行项目经理负责制，项目经理对外全权代表法人与用户进行工作联系，处理本工程有关的技术经济问题；对内领导项目组，组织项目的实施与进度、费用和质量的控制，确保项目按合同规定的目标顺利进行以及对资源经济有效地利用。一位项目经理可以视工程规模决定管一个或几个同类型的工程项目，组合成一定规模的项目组，在项目组内的项目之间实施人力调度，就能更好地发挥项目组的优势。项目经理的工作内容有市场经营、设计质量和工程进度三个主要方面。

项目组既具有综合室的优点，又克服了综合室的不足。项目组的技术保障由专业室负责，技术方案的制订和优化接受专业室的指导和监督，使项目组与专业室有机地联系在一起。同类型项目的项目组可以大大提高工程设计的复用率。

项目组成员由有关职能部门和专业室派出。对于项目组人员的配置，一般情况下，管理人员和专业技术骨干在项目组组建时一步到位，随着项目的进展和各专业工作量决定专业设计人员增加或减少。管理人员和设计专业骨干分别由职能部门和专业室提名，项目经理确认。当项目经理与有关部门、专业室有分歧时，则由项目部协调解决。其他专业设计人员的变动则由项目组的专业负责人与本专业室负责人商定。

项目组采用集中办公便于项目管理、专业协调，有利于提高运行效率。

项目经理必须对项目实施进度、费用和质量进行严格管理。通过项目计划、网络计划和作业计划三个层次的管理，实现有效的进度控制。费用控制应包含两项主要内容：一是工程投资控制，采用限额设计的办法，确定工程投资分解目标，各专业应在规定目标内保质保量做好设计；二是设计项目承包控制，主要抓住工时消耗和可控费用两部分，其他为分摊成本直接进入项目成本。质量控制根据 ISO 9000 系列标准执行。

4.3.2.2 项目经理的相关关系

由于矩阵管理采用双重领导，设计人员既要服从项目组的指挥，又要服从专业室的领导，所以必须围绕项目总目标，处理好纵向与横向的关系。

（1）项目经理与经营部的关系。实行项目经理负责制，就要最大限度地搞活经营。经营部门负责宏观调控，协调全盘经营活动。项目经理在经营部门宏观指导下，独立开展经营工作。

（2）项目经理与履行合同的关系。项目经理对全面履行工程设计合同负责。项目经理在法人代表授权范围内进行活动。设计单位必须设置监控部门，负责合同评审、进度监控、质量监控和费用监控，确保顺利履行合同。当检查发现重大问题，监控部门有权采取包括更换项目经理等非常措施，强制项目按合同要求的计划完成。

（3）项目经理与财务的关系。项目经理拥有财权是项目经理履行职权的必要条件。为此，必须以项目为核算单位，并建立与之配套的管理机制，明确项目设计收入支配原则，建立内部结算机构，保证设计项目全过程费用的合理支配。

（4）项目经理与专业室的关系。实行项目经理负责制、矩阵式组织结构，两者的责权利必须匹配。项目协调部和监控部门协助项目经理，运用适量的经济杠杆调节两者关系。一般来说，这两者的合作关系既具有强制性，又具有内部协议的经济关系。只有专业室确实无法满足要求时，才允许外聘设计人员。专业室必须做好队伍建设的长期性工作，如业务建设、技术储备和人才培训等等。专业室负有向项目组提供人力资源和技术保障的作用，要积极主动地了解和参与项目管理工作，配合好项目经理（或总设计师），做好项目的技术后勤工作。项目经理要尊重和发挥专业室在方案确定、质量保证和专业计划实施等方面的重要作用。

（5）项目经理与职能部门的关系。项目的矩阵式管理自然会带来条块之间的矛盾，这就必须要有一个强有力的协调机构及时协调各项目之间的资源配置、项目组与专业室之间的人力配置、方案制订以及工程标准等方面的问题，以保障项目的顺利实施。项目经理要主动关心和配合职能部门的工作，使协调工作得力、适当，调动各方面的积极性。

4.3.2.3 项目经理的权力及职责

项目经理负责制的有效实行，就必须给予项目经理恰当而充分的权限，并让其承担与权力对等的责任和给予与责任对等的利益驱动力。

权限是承担责任必需的权能，是充分授权所产生的相应力量，是履行职责的前提条件。为此，要授予项目经理以下几方面的权限：

（1）项目组成员组成决定权，这是保证项目经理负责制的必要条件。项目经理根据项目特点，合理而又经济地组织项目设计班子，使其形成人才互补、工作协调、管理高效和谐的班子。

（2）方案决策权，对项目的各大问题都亲自决策，承担项目最高责任者的责任。

（3）对项目组有行政指挥权，组织项目设计合同范围内的各项工作，保证合同履行顺利。

（4）具有项目费用控制权，以确保项目投资控制和设计成本控制，提高设计项目的经济效益。

项目经理的职责是权力的基础。项目经理作为责任主体，可以按分层的原则在授权范围内向下属授权并负有监督责任。其职责一般包括对外和对内两部分：

（1）对外职责：按照用户的要求，全面实现项目总目标；签订或参与签订项目设计合同，执行合同条款，处理合同变更，办理合同结算收取设计费；组织参加设计外部评审和设计交底；组织施工服务，参加竣工验收和设计回访总结；处理好外部关系，为设计项目完成创造一个良好的外部环境。

（2）对内职责：组建项目组及其管理体系；建立项目管理信息体系；审签各专业设计；控制设计计划进度、设计质量和设计成本以及工程投资；搞好内部各方面的协调关系；指导项目组成员工作；完善内部管理；合理分配，奖优罚劣。项目经理的利益是承担责任完成任务后，应该得到的回报。由于项目经理承担一定的责任，应该得到与责任对等的物质和精神回报。

4.3.2.4　项目经理的素质要求

项目经理的工作，对内关系到项目的成败、效益的高低，对外关系到设计单位的形象，是一个十分重要的岗位。一般来说，项目管理的水平是以项目经理的水平为基础的。一个称职的项目经理不仅能很好地发挥项目组一班人的积极性，有条不紊地把项目任务完成好，而且能得到用户的信任和满意，为设计单位赢得良好的信誉。因此，项目经理人选应该具有以下五个方面的素质：

（1）有较高的政治思想素质和职业道德，顾大局识大体，不我行我素。

（2）有较强的组织管理能力，能够有效地指挥和管理好项目组，充分发挥项目组全体成员的积极性。

（3）具有一定的专业知识，熟悉设计工作过程和专业之间的关系，善于协调处置好各种矛盾和问题，有较强的应变能力。

（4）要有一个好的作风，讲民主走群众路线，善于听取群众意见，要敢于集中，又善于集中，勇于承担责任，又有开拓精神。

（5）要有一定的语言和文字表达能力，对从事涉外项目的项目经理还应有一定的外语能力。

因此，项目经理是懂技术、懂工程、懂管理的高素质复合型人才，设计单位要十分重视这方面人才的培养。要挑选一批中青年设计人员，经过多岗位锻炼，进行必要的岗位培训，使之尽快成为合格的项目经理人选。

目前，设计单位正在向现代化企业转变，以适应市场经济的环境需要。面向国际市场的大环境，必须尽快改变传统管理体系和运行机制，实现现代项目管理模式，以增强活力，开拓市场，提高效益。

4.4　工程项目设计周期

工程项目设计周期，是指项目设计从开始到提交设计成果整个过程的工作周期。设计工作的起点，是对基础资料的收集与分析；设计过程是各种数据计算和方案比选；设计工作归宿是科学合理地确定设计方案和设计指标，得出体现设计构想的内容完整的设计文件和图纸。因此对工程项目设计工作量的估算，应当考虑必要的周期。

4.4.1　设计周期的概念

在设计工作中，设计周期可分为合理周期和实际周期。合理周期又称为计划周期，这要根据常年积累的实际周期的统计资料和经验，按照规定的设计深度和设计质量的要求，考虑各工序的正常工作和合理衔接的时间，结合工程项目特点、复杂程度和设计阶段确定的工程设计时间，是确定合同进度和计划进度的依据。实际周期即为项目设计实际所用的时间。

设计周期如果按设计阶段划分，可分为可行性研究周期、初步设计周期和施工图周期；如果按项目的组成划分，则有总体工程设计周期和单项工程设计周期。一个工程项目的总体设计周期，是由项目各阶段的周期和阶段之间的衔接工作时间组成。

一个设计阶段成果的设计周期应包括专业设计时间、设计管理衔接时间以及前后工序所需的时间，称为阶段设计总周期，其结构示意图如图4-4所示。

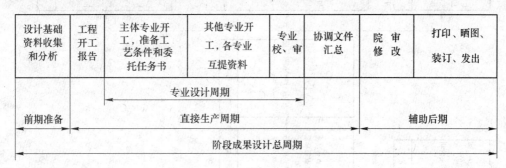

图4-4 工程项目设计周期

4.4.2 影响设计周期的因素

各类工程项目和不同设计阶段、建设条件以及设计内容的复杂程度是确定设计周期的主要依据。除此以外，还有各种影响设计周期的因素，如：

(1) 设计条件、设计基础资料的具备程度及其质量直接影响设计周期。一项工程设计的外部条件与基础资料需要用户方积极配合提供，设计单位也要协助用户准备设计条件和基础资料，并给予积极支持。项目经理（或总设计师）和有关专业必须对设计条件与基础资料深入分析研究，做到细致、周到、准确，以提高工作效率和缩短周期。

(2) 设计人员的技术业务熟练程度，以及有关专业的业务建设状况、技术储备状况对设计周期有直接影响。

(3) 专业设计分工是否合理。科学合理的专业设计分工，有利于专业之间的协作配合和相互促进，能缩短周期。如果专业设计分工不明确，出现互相推脱或增加不必要的资料周转，就会延长设计周期。

(4) 管理水平的高低，对设计周期有重要影响。管理水平的高低，包含着建设单位和设计单位对项目管理工作的情况。管理工作好，项目进展顺利，两个单位之间、专业之间、各工序之间配合密切，缩短衔接时间，减少或避免无效劳动和窝工损失，使设计周期缩短。反之，周期会延长，甚至失去控制。

(5) 还有些不可预见因素，如设计人员出现特殊情况进行替换，任务特别集中发生冲突，出现不可避免的等待时间等。考虑设计周期时也不应忽略这方面的因素。

4.4.3 设计单位内设计工作流程

工程设计项目是多专业密切协作，各职能管理部门相互配合的工作过程。以下列举三个设计阶段设计工作流程框图，供组织工程设计时参考。

(1) 可行性研究工作流程框图，见图4-5。

(2) 初步设计工作流程框图，见图4-6。

(3) 施工图设计工作流程框图，见图4-7。

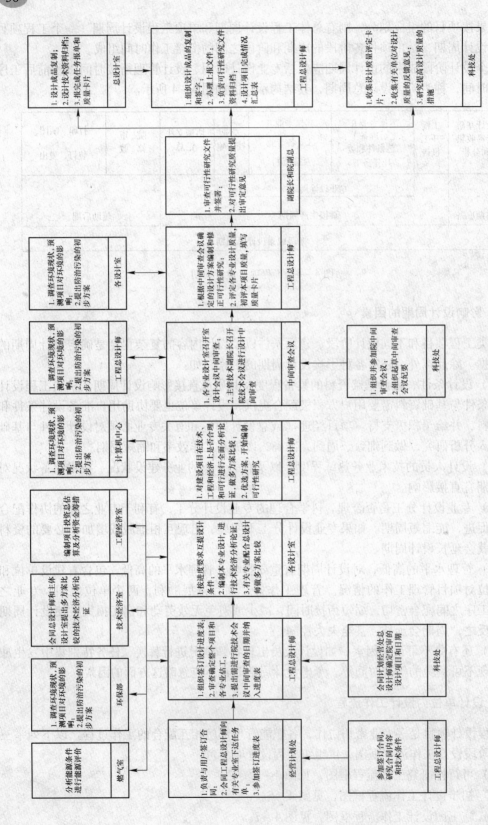

图4-5　可行性研究工作流程框图

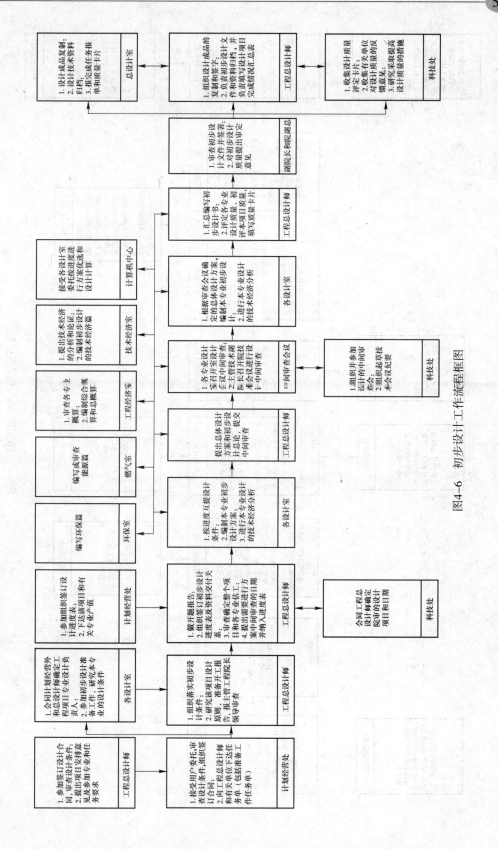

图4-6 初步设计工作流程框图

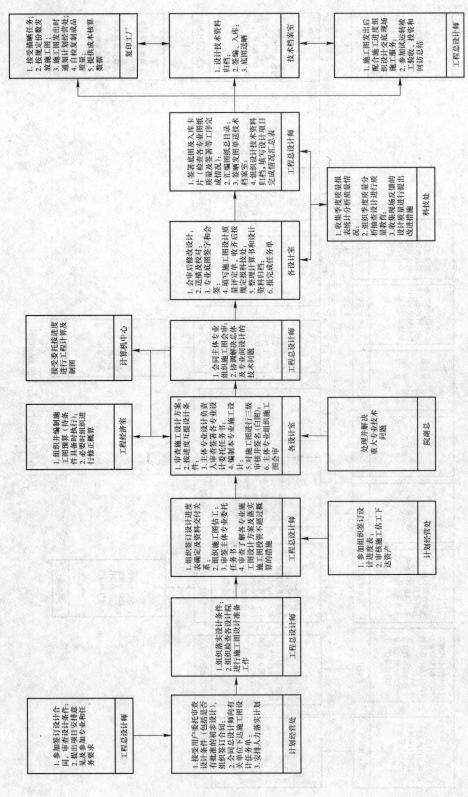

图4-7　施工图设计工作流程框图

各框内容如下：

工程总设计师
1. 参加签订设计合同，审查设计条件；
2. 提出项目交付任务和专业要求

计划经营处
1. 接受用户委托审查设计条件（包括是否有批准的初步设计），组织签订合同，审查设计任务和有关单位下达施工图设计任务书、设计合同、专业设计任务单；
3. 安排人力落实设计计划

工程总设计师
1. 组织落实设计条件，组织检查各设计准备工作

工程总设计师
1. 组织签订设计进度表确定及资料交付关系；
2. 组织施工图设计；
3. 审签主体专业委托任务书；
4. 审查了解各专业落实施工图设计方案及投资不超过概算的措施

各设计室
1. 审查施工设计方案；
2. 按进度设计负责；
3. 主体专业设计师负责人审查签署委托计设人；
4. 编制本专业施工设计；
5. 对施工图设计进行三级审（自审）；
6. 主体专业组织施工图会审

工程经济室
1. 组织并编制施工图预算（待条件具备时执行）；必要时组织进行修正概算

计算机中心
接受委托按进度进行工程计算及制图

工程总设计师
1. 会同主体专业组织施工图会审，组织施工图会审；
2. 协调解决总体及专业间设计的技术问题

院副总
处理并解决重大专业技术问题

计划经营处
1. 参加组织签订设计进度表；
2. 审核施工图设计工作进产

各设计室
1. 会审后修改设计；
2. 送描及校对；
3. 专业底图签字和会签；
4. 填写施工图设计质量评定单，收齐后按规定报科技处；
5. 整理归档科设计资料；
6. 报完成任务单

工程总设计师
1. 签署底图及入库卡片（检查各专业图纸质量及专业签署等工作完成情况加）；
2. 汇编施工图纸总目录；
3. 签明发图单送技术档案室；
4. 组织施工技术资料归档，填写设计项目完成情况汇总表

科技处
1. 收集季度质量报表统计分析质量情况；
2. 组织季度质量分析抽查设计进行质量教育；
3. 收集现场反馈的设计质量进行提出改进措施

复印工厂
1. 按交晒蓝任务，按规定定份数发放施工图；
2. 施工图发出时通知计划经营处；
4. 自觉复制成品质量；
5. 提供复制成本核算数据

技术档案室
1. 设计技术资料归档，入库；
2. 签编发图单；
3. 底图晒蓝晒

工程总设计师
1. 施工图发出后配合施工进度组织设计交底现场施工服务；
2. 参加施工运转竣工验收，投资和回访总结

学习思考题

4-1 名词解释：基本建设，基本建设管理，设计周期，前期设计，项目建议书，立项，可行性研究，项目批准，"三同时"原则。

4-2 基本建设与一般工业生产的异同点是什么？

4-3 基本建设管理的内容及需要注意的问题是什么？

4-4 设计单位有哪些专业设置，各承担哪些职责，专业之间的关系是什么？

4-5 项目建议书的作用及要点是什么？

4-6 可行性研究的作用及编制程序和基本内容是什么？

4-7 可行性研究报告的基本要求是什么？

4-8 厂址选择应遵循的基本原则是什么？

4-9 分类列出审批文件的审批程序。

4-10 项目的矩阵式管理的特点是什么？

4-11 简述现代项目管理矩阵式的运行方法，并指出它相对于其他两个管理模式的优越性是什么，缺点又是什么？

4-12 怎样协调项目经理与其他部门的关系？

5 总设计师

在工程设计单位的生产指挥体系中，工程设计管理处于核心地位。其中发挥主导作用的是全面负责组织实施其管理工程设计工作的项目设计总负责人，以下称为项目总设计师。不同设计单位对该岗位人员命名不同，如项目设计经理、项目设计主持人等，这里的称谓与第4章讲述的矩阵式管理中的项目经理略有不同。总设计师着重于负责一个具体的工程项目设计，而项目经理按分管地域或片区，如国内的华中、西北、华南、西南片区，国外的如非洲、北美洲、南美洲、中东、南亚地区等。同一片区可能同时有多个工程项目，由一位项目经理负责，所以项目经理可以同时协调多位总设计师。在设计院实际的日常管理工作中，这种区分并不是一成不变的，根据需要项目经理可以兼任总设计师，总设计师也可以担任项目经理职责。

根据现代工程设计项目管理模式的特征，要求项目总设计师在工程管理岗位上发挥重要作用，以保证工程设计合同的全面履行。

5.1 总设计师的职责和权限

项目总设计师在工程管理系统中发挥主导作用，赋予全面负责组织实施其管理项目的设计工作。因此项目总设计师具有以下几方面的职责和权限：

（1）在主管工程副院长的直接领导下，负责分管工程项目的设计与组织管理工作。贯彻设计程序，按照上级批准文件，组织完成项目各阶段设计。

（2）在计划管理部门统一安排下，与项目经理配合代表院进行对外经营和设计项目的技术业务洽谈；配合签订设计合同及其技术附件，提出所需设计基础资料清单；负责总分包设计单位之间的协调配合，并参与签订分包合同。

（3）编制项目设计进度计划，并组织实施，以保证合同的顺利履行。

（4）对项目的设计方案、产品规模、工艺流程、设备选型、新技术采用、经济效益、环境保护、安全卫生、节约能源以及投资控制等综合设计质量负责；贯彻有关政策、法令、法规；组织有关技术经济论证，编写高阶段设计总论，对设计文件的深度和完整统一性负责。

（5）负责编制项目设计的开工报告。会同计划部门组织签订设计进度，组织各专业之间的协调配合，审签专业之间的设计任务委托书，参加各专业技术方案讨论会，协调解决专业之间矛盾；全面负责对院内外的协调配合；对工程项目的平面布置，总体工艺流程、装备水平、综合性技术经济问题以及专业之间的协调有权作出决定。

（6）在高阶段设计中，各专业设计方案确定后，组织编制总体设计方案，提请召开院技术会议进行设计中间检查（设计评审），按照院技术会议决议，组织修改完善设计文件。

（7）负责处理项目设计的日常管理工作，拟稿或会签有关分管项目文件；审核签署设计文件，评定各专业设计质量等级，对不符合设计任务要求的有权要求修改，甚至返工。

（8）负责组织参加设计文件审查会议，并准确地解释设计文件，组织参加施工图设计交底，组织好施工服务人员，做好现场服务，及时处理施工中的设计问题。

（9）组织参加工程验收、试车、投产、设计回访，做好工程总结；及时做好工程建档、归档工作。

（10）做好各专业工作量统计，公正合理地做好分配工作。

5.2 总设计师的素质要求

项目总设计师对于项目管理具有重要作用，在项目组织、运行中起着关键性的影响，这就必然对项目总设计师的素质提出较高的要求。

5.2.1 具有较高的政治素质

项目总设计师必须具有较高的政治素质，这是优化工作质量的思想基础和前提条件。在项目管理中主要表现在以下几方面：

（1）较强的事业心和责任感。由于工程设计项目管理的复杂性和艰难性，必然要求管理者尽职尽责，妥善处理有关问题；项目的多样性，造成管理对象的不断变换，需要不断地学习、刻苦钻研、了解管理对象，以适应工作需要。由于工作涉及面广泛、影响因素较多，以及需要面对内外上下级的各种关系，这就必然要求总设计师充分发挥主观能动性、切实履行好职责。

（2）坚持原则，秉公办事。工程项目设计人员来自各专业室，为了该项目的总目标而共同工作。项目总设计师要协调好各专业关系，必须讲究坚持原则，团结协作，顾全大局，秉公办事，以调动全体参与设计人员的积极性。

（3）良好的工作作风。项目总设计师必须具有良好的工作作风，特别要做到深入实际、调查研究、实事求是、一丝不苟和谦虚谨慎，与各方面建立和谐的工作关系，创造协作共事的工作环境。

5.2.2 具有广泛的知识面

项目总设计师必须具有较广的知识面，否则就不能适应工作的需要：

（1）要认真学习管理理论知识，不断提高管理水平。应该了解和掌握的管理理论知识有基本建设管理、工业经济、企业管理、运筹学、成本核算、行为学、心理学、公共关系学等。

（2）要不断拓宽业务知识。工程设计是多专业协同工作的复杂过程，项目的种类又很多，涉及的业务知识必然十分丰富。除了各有关专业的业务知识外，还应该了解和掌握的业务知识有经济法规、勘察设计合同条例、基本建设程序、收费标准、设计程序、设计深度、设计基本资料、设计周期、专业分工、质量管理和涉外项目管理等。

5.2.3 具有较强的工作能力

项目总设计师必须具有较强的工作能力、分析能力和组织能力，善于组织协调，正确判断和处理有关业务问题；要有良好的口才和写作能力，以及环境应变能力；对从事涉外项目的总设计师，还应具有一定的外语能力。

5.2.4 具有良好的开拓经营能力

项目总设计师要善于处理各种不同层次的人际关系，善于捕捉经营信息，不失时机地开展经营活动。

5.3 总设计师的工作要点

5.3.1 项目设计的管理要点

5.3.1.1 设计计划及进度管理

合理的设计周期是保证设计质量的必要条件，在洽谈和签订设计合同时应予以注意和明确，争取必要的合理周期。此外，设计单位应通过提高人员素质、发挥专家作用、应用计算机及信息手段等做到主动缩短设计周期，尽量满足业主的要求，以适应市场竞争的需要。

各个设计阶段的进度计划，需根据业主要求、合同规定、设计原始资料及设计条件情况，按不同的设计阶段特点在设计策划时作出安排。

对于可行性研究、初步设计等阶段，应按工序先后和衔接要求做好各专业相应的人力选派。同时，对原始资料评审、项目开工、方案比选、互提设计条件、设计成果汇总、设计评审、设计验证、文印、成品最终完成和归档、成品发出等全过程做好安排。尤其要注意对专业的先后衔接、方案比选、提返条件过程中的交叉作业以及复杂项目，应当运用系统工程及网络计划方法进行安排，找准关键控制点。

对于施工图设计阶段，项目子项及其组成和划分必须完整、清晰，避免漏项和衔接不清；注意补勘、设备、补充试验资料等的落实以及必要施工图补充方案的比较工作；对于提返条件，复杂车间要协调好工艺一次条件、土建返回条件、工艺二次条件、公辅专业与土建提返条件之间的关系。

进度计划提交项目组讨论，统一意见并由专业负责人签字后，报生产计划管理部门审核盖章下发实施。

应强调计划的严肃性。计划签订和下发后，项目经理或总设计师要定期或不定期地了解和检查执行情况。尤其要有预见性地抓好影响计划执行的关键专业和控制点，遇到问题要及时解决和协调。一般情况下，若周期允许，应预留必要的机动时间，供微观调整用，以保证项目设计按业主要求及合同规定的时间完成。

在计划执行中，若遇到特殊情况不得不调整计划的最终完成时间，要及时与业主协商，并经生产计划管理部门批准后进行调整。

5.3.1.2 设计质量管理

项目设计是项目建设的灵魂。设计质量是设计单位的生命线，在很大程度上决定了项目建设效果的好坏。对于设计行业来说，"质量第一"应置于一切工作的首位。

为保证设计质量，项目经理或总设计师需按照本单位质量管理体系的有关要求和实施要点组织项目设计。

项目建设是以项目为单元进行的，即业主是以项目为单元进行设计招标、委托设计任务及签订合同的，设计单位也是以项目为单元提供合格产品（设计成果）。因此，项目经理或总设计师在每一个项目的设计全过程中，必须按质量手册和程序文件的规定做好质量管理工作，抓好设计质量控制点，使影响设计质量的全部因素始终处于受控状态。

第一，项目经理或总设计师要重点抓好设计控制，即从设计策划、组织和技术接口、设计输入、设计输出、设计评审、设计验证、设计确认直至设计更改为止的设计全过程的控制，并要做好设计后期服务、设计回访总结。各个设计阶段均存在设计控制工作，抓好了设计控制，项目设计的质量就得到了基本保证。

第二，项目经理或总设计师要切实做好质量记录工作，遵循质量管理体系文件要求，在设计过程的各个阶段，按规定自己率先做好，并监督设计人员认真填报和保存好各类质量记录，以确保、证明设计过程和设计成品达到了规定要求。

第三，项目设计经理要认真做好质量考核工作，组织有关人员做好质量信息的收集与反馈工作，整理详细资料，为质量改进和考核提供依据，并对考核中发现的问题及时组织处理。项目完成后，对本项目设计成品质量按专业汇总和评述，并进行等级评定。除对设计成品（图纸、文件）质量进行考核外，更要对项目在实施中和建成后的设计质量进行考核，并填写考核表。

5.3.1.3　设计技术管理

项目设计包含对新技术、新工艺、新设备、新材料的推广和应用，是把科技成果转化为生产力的不可缺少的桥梁。项目经理或总设计师要根据项目实际情况，组织各专业把这些新的成果有机地综合应用于项目设计中，不断提高技术水平，从而使项目设计的产品质量、经济效益、环境效益、社会效益等提高到新的水平，达到或超过预期的目标。同时，项目设计中遇到的新问题、新情况，又为科技的发展拓宽了领域并提出了新课题。项目经理或总设计师要根据实际情况，在开工报告中对有关专业提出指导意见，并组织好信息和资料收集、技术交流、考察和攻关工作，提出必需的技术资料、试验研究和业务建设课题，努力做好技术创新工作，通过项目实施为本单位创造专长技术，并推广应用。要努力取得本单位和业主的支持，积极推动内外各有关部门共同实现目标。

在项目设计中，要重视标准化工作，积极采用和推广标准设计、工程建设标准、规范与定额，贯彻执行国家、地方、行业强制性标准及《中华人民共和国标准化法》的有关规定。

在设计中，要认真组织好总体方案的比选和拟定，认真进行多方案比较工作，优化设计，推荐最优方案。

要处理好总体方案与专业方案的关系，遵循专业方案服从和保证总体方案最优，而总体方案的最优又建立在专业方案最优或合理可行基础上的原则。项目经理或总设计师要从项目的各个方面和综合效果总体考虑，要善于使各专业（尤其是主体工艺专业）充分了解业主要求、项目特点、资金使用等情况，并进行协调。但未经项目经理或总设计师同意以及作出妥善安排前，正在进行设计工作的人员不能轻易离开岗位。项目经理或总设计师应主动、及时向生产计划管理部门及有关专业室通报情况，预先做好安排。

5.3.1.4　设计人员管理

项目经理或总设计师应根据项目设计的实际需要提出参与专业，通过与专业室协商及

58

生产计划管理部门协调选定专业负责人（大型及复杂项目还应包括主要设计者），签订聘用协议。在设计过程中，专业负责人及主要设计者不应随意更换，当项目与项目或项目与专业室发生人员安排上的矛盾时，应互相通气，协商解决。必要时，由生产计划管理部门提出合理的指导意见，组织各专业积极采用专业的最佳方案来满足项目合理组织的要求。总体方案的确定应通过方案比选和设计评审来进行，若在重大原则方案或问题上存在分歧而通过商议仍难统一时，应提请专家委员会讨论，由单位负责人作出决定，并要主动与业主通气、协商，充分听取业主意见。

5.3.1.5　设计经营管理

在市场经济条件下，项目经理或总设计师不仅要完成项目设计的组织、领导工作，还要主动积极地做好项目的经营管理工作。

（1）利用各种渠道了解项目信息，提供和配合经营计划部门跟踪项目、争取项目、开拓市场。

（2）参与项目设计招标、投标工作，按招标文件的要求，组织或参与投标及报价文件的编制，进行投标。

（3）参与合同洽谈、评审和签订，负责技术谈判；对项目设计条件、技术要求、设计范围及规模、设计难度、设计周期和质量要求等提出意见；对设计收费提出建议；协调与业主的关系，对于超出合同规定范围的新增或额外设计工作内容及工作量，配合经营部门适时与业主方协商调增设计费或增补合同；做好各设计阶段产值（费用）的预安排或预分配，并根据设计工作的进展，适时拨付各专业的产值（费用），保证项目设计的圆满完成。

（4）根据本单位的技术经济责任制，制定本项目的进度、质量、服务奖惩办法，与产值（费用）分配挂钩，做好成本和费用控制。

（5）积极创造条件做好项目设计的延伸工作，为业主提供前期、中期或事后咨询服务；配合经营部门进一步承揽采购、施工、试车投产、交钥匙的一条龙总承包（或部分承包）工作。

5.3.1.6　设计信息管理

项目设计经理或总设计师应该熟练掌握计算机在项目设计管理中的应用，实现有效的信息管理。

（1）充分利用计算机手段对市场、技术、设备、材料、价格、施工等各方面的信息进行收集和分析。

（2）了解项目设计全过程的控制系统，用以做好设计的全过程管理和设计过程中信息的全方位管理。

（3）对于设计延伸的工程总承包或工程公司来说，还需要能实现项目全过程管理的控制系统。

（4）在项目执行的全过程中，应用计算机项目管理系统对项目的进度、费用、技术、质量、人力资源等实施控制，实现对项目的管理。同时，通过与其他系统的紧密联系，实现项目管理的集成化。

在应用计算机进行项目设计管理中，以下几个方面是重点：

（1）项目控制是项目管理的核心，主要任务包括进度控制、费用控制、质量控制，主要目标是为了保证项目在完成进度的前提下，以最好的质量、最低的成本来获取最大的经济效益。

（2）计算机协同设计，其内容和作用有：设计信息的传递和共享可有效提高设计效率和质量；通过项目设计流程管理系统，实现专业间互提资料的自动完成和专业内部的协同工作；由项目设计数据管理实现项目设计数据的版次、更改的一致性及归档管理。

（3）文档管理是项目管理中一个非常重要的部分，利用计算机系统收集和实现档案资料的科学管理，既可使文档管理完整、高效、条理化，又能使设计人员方便地查阅所需的档案资料，提高档案资料的利用率。设计人员经过授权后，可以将需要的档案资料复制到自己的计算机中，进行重复利用或设计参考，从而大大提高设计效率。

5.3.2 各设计阶段的工作要点

5.3.2.1 设计阶段划分

（1）按照我国现行的基本建设程序，项目的设计工作一般分为初步设计和施工图设计两个阶段，必要时，增加技术设计阶段。

（2）国外工程公司是把项目建设视为一个系统工程，设计是整个系统中的组成部分。对设计、采购和施工科学地组织交叉，使进度、费用、质量等方面均能达到最佳效果。

国际上比较通行的做法一般是将整个设计工作划分为基本设计和详细设计两个阶段，必要时，增加工艺设计阶段。

5.3.2.2 各设计阶段工作要点

基于国内现状，各设计阶段要点如下：

（1）项目设计前期工作主要包括建厂调查、规划、厂址选择、初步可行性研究、项目建议书、设计招标投标、可行性研究、项目评估配合等工作。主要是调查落实项目的建设条件及可行性，为项目建设的决策提供科学依据。

可行性研究是建设前期工作的重要内容，它要遵照主管部门的指示或业主要求开展本阶段工作。

（2）设计阶段分为初步设计、技术设计及施工图设计阶段。

（3）其他。

1）当业主委托时，代业主编制招标文件及资料；

2）项目投产后，做好项目设计总结及回访，并写出报告；

3）项目竣工验收时，参与验收单位组织的竣工验收工作，提供相关的材料和数据，配合业主编制竣工验收报告；

4）配合有关部门进行项目后评估工作，提供相关的材料和数据；当业主委托时，代业主编写后评估报告中需由其编写的内容。

5.4 设计开工报告

工程设计质量的保证是结合工程设计产品，表现为工程建设项目设计前期工作中的建设规划、项目建议书、可行性研究报告等，以及设计阶段的初步设计、施工图设计（含非标设备设计）的特定过程中的组织实施。需要依据建设工程所在地的自然条件和社会要求，运用当代科技成果，将用户对拟建工程的需求及社会要求，转化为建设方案和图纸，最终满足外部质量保证的需要，使用户获得良好的经济效益和社会效益。设计工作的开工报告即为实现上述目的、实施质量体系所涉及过程中的一个十分重要的环节。总设计师务必要认真做好开工报告书，各专业室必须遵循报告中规定的技术原则、工作进度等，并编制本专业设计的技术措施和保证进度要求的措施，并由室项目负责人做专业开工报告付诸实施。

5.4.1 开工报告的分类及要求

（1）开工报告有高阶段设计及施工图设计两种，分别由总设计师和主体专业设计负责人编制。

（2）凡投资额在限额（各设计单位规定）以上的工程项目在开展高阶段设计（含规划、初步可行性研究、可行性研究、初步设计阶段，下同）前，均需编制书面开工报告。

（3）重点工程的施工图设计项目、技术复杂的开发性工程项目，亦应编制书面开工报告。

（4）一般简单的工程设计项目，可不做开工报告，但总设计师应向有关专业设计做工程内容介绍和计划进度安排。

（5）凡需作书面开工报告的工程设计项目，由项目经理或总设计师、计划处和技术处共同协商进行。

5.4.2 实施程序

（1）项目经理或总设计师接到任务，即与计划管理部门配合，下达设计任务通知单，并确定开工报告日期。

（2）凡由项目经理或总设计师编写的书面开工报告，经主管副院长和分管副总审批；凡由主体专业设计负责人编写的开工报告，经项目经理或总设计师审核，重大项目需经主管副院长审批。

（3）开工报告书，须在做开工报告日期前1至2天，将开工报告发到计划处、科技处和技术处以及各有关专业设计室。

（4）参加开工报告会议的，应有各专业室领导和专业负责人，技术处、生产调度及科技处相关人员；重大项目的开工报告会议，需主管副院长、分管副总及专业副总应出席参加会议。

（5）各有关专业负责人应根据开工报告的设计原则和各项要求，提出本专业的实施措施，经室领导审定后，向本专业参加设计人员报告，并认真执行。

（6）在设计过程中，因外部原因或内部原因，需修改开工报告书中的设计原则时，项目经理或总设计师会同计划处与用户商谈，达到修改纪要后，方可提出书面修改报告，实施修改意见；当设计依据或设计内容发生重大原则变化时，计划处、总设计师应及时向主管副院长汇报研究处理办法，开工报告须重新编写。

（7）开工报告系工程档案材料的重要组成部分，当该阶段设计全部完成后，必须按规定办理归档。

5.4.3 开工报告书内容提纲

开工报告书的内容根据不同设计阶段选择下述必需部分进行编写。内容提纲如下：

（1）任务来源、设计依据（上阶段的上级批复或建设单位对设计的要求）。

（2）主管部门及有关部门的指示，贯彻国家方针、政策应注意的问题以及应遵守的设计原则。

（3）设计内容简述，包括建设条件、产品方案、规模、生产流程和车间组成等设计内容和范围，总包和分包设计之间的分工，以及投资来源、筹措方式、建设进度安排和投资控制要求等。

（4）自然条件、原材料、燃料资源条件，交通运输、水、电等动力资源条件，建材和施工条件等情况，这些设计必须具备的基础资料及外部协作条件。

（5）装备水平、建筑水平以及采用新工艺、新设备、新结构、新材料的原则及其特殊要求。

（6）引进设备、引进技术或合作设计、分交、分工等详细情况以及应注意的事项。

（7）生产发展远景、分期预留原则以及对旧有建（构）筑物和设备的利用建议。

（8）"三废"治理和环保、安全和工业卫生、防火、防洪、抗震设防等的原则和特殊要求。

（9）院内外设计分工、设计范围和内容深度要求，并明确衔接关系。

（10）提出子项划分表（仅对初步设计开工报告）及下达各专业概算控制指标。

（11）文件章节编排、书写格式、文字、单位符号、附图等的统一规定。

（12）施工图阶段要明确车间内外部总图管理人以及总图管理深度。

（13）创优设计规划设想要求。

（14）根据过去同类项目的质量信息，提出本项目应注意和改进的事项。

（15）规定提请院技术会议评审的问题和日期。

（16）可能对设计进度产生影响的因素和问题，需采取的措施。

（17）提高设计文件综合质量的要求和措施。

（18）其他需说明的问题。

学习思考题

5-1　总设计师的职责和权限是什么？

5-2　总设计师的素质要求是什么？

5-3　为什么说项目设计是项目建设的灵魂，设计质量是设计单位的生命线？

5-4　总设计师怎样做好项目的经营管理工作？

5-5　你作为项目总设计师应该在可行性研究工作和初步设计工作及施工图设计工作中发挥什么作用，在各阶段具体负责什么工作？

5-6　什么是项目管理的核心，为什么？

5-7　怎样保证工程设计质量？

5-8　各设计阶段的要点是什么？

5-9　开工报告的分类及要求是什么？

5-10　开工报告的实施程序是什么？

5-11　开工报告的主要内容是什么？

6 设计基础资料和对外业务联系

设计工作是一项涉及面广泛、联系配合密切、高度社会化的生产活动。在工程设计过程中，需要得到建设单位与基本建设有关部门的大力支持和配合，这是保证设计质量和设计进度的重要条件。本章简要介绍设计基础资料和对外业务联系。

6.1 设计基础资料

设计所需的基础资料与设计项目的类别、性质和设计阶段有关，对其内容的深度和广度都有严格的要求。基础资料的准确性和及时性是影响设计质量和设计进度至关重要的条件之一，项目经理或总设计师和计划管理部门应予以充分重视。在经营人员洽谈设计项目中，首先就应该详细了解、认真协商，正确处理设计基础资料提供时间与设计进度要求之间的关系。安排计划时，应掌握基础资料是否已经齐全，什么时间要求补齐，以使计划进度可靠。

下面对主要的设计基础资料分别介绍。不同的设计阶段和类别，不同的项目内容以及对建设地点情况了解的程度，可视具体情况进行适当调整。

6.1.1 勘察报告和资料

勘察工作是基本建设的一项基础工作，是设计工作的"先行官"。勘察工作的任务是为建设项目的工程设计提供地形测量、工程地质和水文地质报告和资料。这是设计单位正确评价建设场地，为厂区总平面设计、抗震设防、地基处理和工程基础设计的原始依据。

勘察任务书由设计单位提出，建设单位负责向有资格承担任务的勘察单位委托。勘察任务书的主要内容包括：建设单位和工程名称，设计阶段和设计意图，勘察位置、范围和内容、测量的比例尺要求，具体技术要求和说明以及要求提供勘察报告和资料的日期，并附有关图纸资料。地形测量、工程地质和水文地质的勘察任务要分别提出、分别委托。

6.1.1.1 地形测量

地形测量为设计提供地形图和控制网点，这是建设项目必不可少的一项设计基础资料。不同的设计阶段，对地形测量图的比例有不同的要求。厂址选择一般为1/2000、1/5000，初步设计阶段为1/1000，施工图阶段为1/500，局部达到1/200。

测量工作包括：地理位置、总体布置、总平面布置；铁路带状地形图及其纵断面图、横断面图；公路带状地形图及其纵断面图、横断面图；渣场地形图、供排水管道带状地形图及纵断面图、汇水面积图、洪水痕迹图；桥位隧道地形图、架空线路带状地形图及纵断面图。

6.1.1.2 工程地质和水文地质报告

为使各种建（构）筑物的基础设计有科学的依据，需查明建设场地的地层、土壤、构造、岩土性质、不良地质现象等工程地质条件及其对场地稳定性的影响，对地基承载能力和稳定性作出评价；查明含水层的特征，即含水层的岩性、厚度、分布范围、埋藏条件和透水性能；查明地质构造的性质和成因、地下水的补给、径流、排泄条件及其地下水的动态规律，进行地下水资源评价；提出开采水量、建井地段、取水构筑物形式与布局的建议。

工程地质和水文地质报告，不同的设计阶段有不同的深度要求，应满足设计需要的勘察报告。

（1）厂址选择阶段。设计单位应取得对拟选场地主要工程地质条件进行比选的资料和报告，作为厂址确定的依据。其内容深度要求为：初步了解场地主要地层的成因、岩性及水文地质条件；初步查明有无影响厂址稳定性的不良地质现象及其危害程度，对拟选场地的稳定性和建厂适宜性作出正确的结论。

（2）初步设计阶段。要求对场地内建筑地段的稳定性作出评价，并为总平面布置、主要建筑物地基和基础、不良地质现象的防治工程提供工程地质和水文地质方面的设计依据。其具体内容有：基本查明地层、构造、岩石和土的物理力学性质，地下水埋藏条件和冻结深度；查明场地不良地质现象的成因、分布范围、对场地稳定性的影响程度及其发展趋势；提供基础方案和防治方案；对地震设防烈度在 7 度和 7 度以上的建筑物，要求制定其场地和地基的地震效应；基本查明地下水对工程的影响，包括地下水的类型、补给和排泄条件，实测地下水位，确定其变化幅度，必要时取有代表性的水样进行地下水对混凝土的侵蚀性试验。

（3）施工图设计阶段。施工图是进行施工建设的依据，施工图设计阶段对工程地质和水文地质报告的要求更为具体、更加严格。它必须对建筑物的地基做明确而具体的评价，并为基础设计、地基处理、不良地质现象的防治工程提供相应的设计依据。具体内容有：

1）查明建筑物范围内的地层结构、岩石和土的物理力学性质，并对地基稳定性和承载能力作出评价；

2）提供不良地质现象防治工作所需的计算参数和资料；

3）查明地下水的埋藏条件和对混凝土的侵蚀性，必要时需查明地层的渗透性、水位变化幅度及其规律、水质报告等；

4）制定地基岩石、土、地下水在建筑物施工和使用中可能产生的变化和影响，并提出防治建议。

（4）其他构筑物的勘察报告。其他构筑物，包括水源井、隧道、给排水管、铁路、公路、桥涵、输电线路以及尾矿库坝等，它们的勘察报告内容要求此处省略。

6.1.2 环境评价报告和"三废"综合利用

环境评价是项目的设计前期阶段对其在建设过程中和投产后可能给环境带来的影响，以及应采取的防治对策所做的预断和评价。环境评价报告及其批复意见是设计工作和审批设计文件的重要依据之一，包括项目投产以后，生产过程中产生的废渣、废水和废气的治理措施以及综合利用可能的实施方案。

6.1.3 设计文件的附件

作为设计依据的设计文件附件有：上级机关正式批复的上阶段设计文件和批复意见；

用户的具体技术要求纪要；正式委托的设计任务书；批准的厂址报告；资金来源及其他有关文件。此外，还包括供电、供水、外部运输、征地的意向书和协议书等。

6.1.4　引进项目资料

工程项目设计中，如有引进国外设备和技术，需取得以下资料内容：引进设备和技术的国别和厂商、引进项目的最终报价、引进合同和有关技术资料；引进设备的总装图和基础资料、设备平面布置图及设备安装图；动力管线及自控、仪控的接口资料及动力消耗参数；引进设备清单、技术性能、重量、电机型号、装机容量等资料；外商对中方的技术衔接和技术要求等资料。

6.1.5　气象资料

在项目开始设计之前，必须收集建厂地区的气象资料，一般应包括下列内容：

（1）气象台名称、地理位置、海拔高度及资料的记载日期。

（2）气候及其特征：

历年逐月平均气温，最高、最低气温及出现日期；

历年逐月平均相对湿度，绝对湿度，最大、最小相对湿度及出现日期；

历年逐月平均最大和最小风速、主导风向、风玫瑰图；

历年逐月平均气压、晴阴天的日数和延续时间、每月日照时数；

历年逐月平均降雨量、一日和一小时最大降雨量、年平均降雨量、年雷电活动日、雷电小时数以及当地暴雨强度、持续时间及其计算公式；

降雪量、积雪最大厚度及密度；每年沙暴、雪暴、浓雾天数；

土壤最大冻结深度和冰冻期；冬季采暖计算温度和采暖起止日期；

历年逐月平均及最大、最小蒸发量；大气含尘量等等。

6.1.6　其他基础资料

工程设计除了必须取得上述各种主要的基础资料外，根据建设项目的不同情况和不同设计阶段，还必须收集和取得其他一些基础资料，主要内容如下：

（1）各种主要原材料、燃料及辅助原料的供应条件、技术性能和指标、价格和运距，以及地方材料情况和价格；水、电供应条件、交通运输条件等。

（2）地方概、预算定额，地方主管部门有关特殊规定，以及建设地区的自然、经济、地理、城市规划等情况和有关资料。

（3）各种设备和主要材料状况，施工图设计前，凡需要的各种设备资料均应如期提供，而且应取得和制造厂家签订供货合同后的设备基础资料。

（4）建设项目的资金筹集渠道和筹集方式、数量、利率、偿还期限、建设地区的工资标准及各类津贴标准等技术经济方面的资料。

（5）进行技术改造和扩建项目设计时，必须取得原企业的设计资料、现状的实测资料以及生产状况的各种财务统计资料。

（6）其他各种接点的有关资料，如铁路、公路及各种管线的接点资料。

（7）施工图设计阶段如果地基确需处理时，必须确认处理方案及有关的试验报告。

6.2 设计单位对外业务联系

设计单位和从事基本建设工作的主管部门、业务部门以及技术协作部门有着密切的联系。设计单位的这种对外业务联系是设计工作的组成部分。因此设计单位要积极、主动、热情、平等地处理好这些业务联系，要密切联系、互相理解、互相支持、互相尊重、互相配合，保持良好的协作关系。

6.2.1 与建设单位的业务联系

建设单位是设计单位服务的直接对象。设计单位彼此之间有着广泛的、长期的技术业务和经济联系。设计单位必须本着服务热情、周到的精神与建设单位建立良好的关系。随着经济体制改革的不断深化，建设项目实行项目法人负责制。项目法人是建设项目的投资主体，更加重视项目的设计工作。为了提高建设项目的投资效益，要加强对项目设计的管理，对设计工作实行集中的一级管理，控制工程项目内容、工程量和建设标准。因此设计单位要积极主动地当好参谋，千方百计地提高设计质量，确保承诺的实现，从而提高设计单位的信誉。

从上述原则出发，设计单位各有关人员都要做到并做好以下工作：

（1）办理设计任务委托事项。从开始洽谈设计任务到确定设计任务委托和签订设计合同的过程中，一般由计划经营部门、项目经理或总设计师等有关人员与建设单位分管业务部门商谈有关事宜，办理签订合同及合同附件手续，以及后续的催收和办理设计费支付等。

（2）收集和准备设计基础资料。建设单位应及时向设计单位提供各种设计基础资料，但设计单位的各有关专业应予以积极配合和协助收集。当建设单位在技术力量上有困难时，设计单位应给予支持，但所有协助收集的资料和费用，均由建设单位签认和支付。

（3）设计过程的技术业务联系。在设计过程中，设计单位与建设单位之间需进行各种方式的技术业务联系，如共同会商重大设计方案、共同技术考察、重大设备订货，对各种有关具体问题的磋商等。凡是双方共同商定，要在设计工作中执行，各种技术要求必须形成纪要备案。还需参加建设单位组织的技术交流、技术谈判以及主管部门主持召开的设计审查会议。设计单位要按时提供设计文件和设计审查所需的资料，并根据审查意见修改补充设计文件，同时对设计合同附件技术协议做相应补充修改等。

（4）配合施工建设和试车投产。提交施工图以后，协助建设单位的施工和设备制造招标工作；做好设计交底工作；随着施工的进展派出有关专业人员处理设计问题，协助解决设备和材料代用问题，参加交工验收、试车投产各项工作；密切配合建设单位，共同保证施工和试车投产的顺利进行。对于设计中采用的新工艺、新设备和新技术，设计单位应协助建设单位拟定操作规程，指导操作，保证投产使用。建设单位应主动为现场服务人员在工作和生活等方面提供方便，解决他们现场工作中的实际困难。

（5）回访总结。在建设项目投产一段时间后，设计单位要组织各有关专业人员进行回访，建设单位要给予支持和协助，双方就投产后的情况进行总结。设计单位应对提出的意见进行分类，凡属设计问题，要积极根据实际情况提出处理意见；凡属设计以外的问题，应积极协助生产单位分析研究提出解决办法。设计单位还应参与某些指标的测定工作，总结经验，提高设计水平。

（6）保护设计单位的合法权益。建设单位要尊重设计单位的技术成果，保护设计单位的专利和专有技术，不得随意侵占其技术成果，损害其合法权益。

6.2.2　与分包设计单位的业务联系

若一个工程由几个设计单位参加设计时，建设单位与总包设计单位签订设计总包合同；分包设计单位的设计合同可以直接与建设单位签订，也可以与总包设计的设计单位签订，这由建设单位与设计总包单位协商确定。不管何种方式，总包设计单位必须认真履行总包设计的职责，作为建设项目设计总负责单位，须对建设项目设计的合理性和整体性负责。

为此总包设计单位需要：负责组织各设计单位之间提交设计资料；统一设计规范、标准、深度等有关问题；组织全厂性总体方案的讨论；协调全厂性工艺、公用设施和设计进度；协调各设计单位之间的设计接口问题。

分包设计单位在统一原则指导下，负责分包范围的设计工作，及时提供各种资料，保证设计进度和设计质量。设计中有关问题要及时与总包单位联系，保证项目设计顺利进行，并负责施工服务、调试至验收投产，共同为项目的成功而努力。

6.2.3　与勘察单位的业务联系

在工程设计中，设计单位与勘察单位之间业务联系内容较多。在不同的设计阶段，设计单位提出勘察任务书，由建设单位委托勘察单位按勘察任务的要求开展工作，提供勘察报告和资料。

设计单位与勘察单位共同对勘察任务书的专业技术要求进行商讨；对勘察成果中不能满足设计需要之处，提出补充要求；对地基处理方案共同研究确定。在施工阶段，发现实际情况与勘察成果有较大出入时，设计单位必须会同勘察单位进行现场核对，共同商定处理措施。

6.2.4　与设备制造单位的业务联系

由于工业生产的品种多，以及生产规模、生产方法和工艺流程变化较大，设计中采用的非标准设备较多。另外，由于新型设备不断被开发等因素，设计单位与设备制造单位的业务联系更加广泛。

（1）对一般非标准设备。制造厂收到设备制造图以后，设计单位应派设备设计人员向制造厂进行技术交底，并解决制造过程中的有关问题，在设备制造完工以后参加预安装、试运转等工作。

（2）对特殊、大型设备。一些特殊、大型设备需要严格控制某些技术参数，对制造技术要求较高。设计单位除一般性的配合以外，还应会同建设单位与制造厂进行具体协商，对整机的技术性能、技术参数等要求达成技术协议，作为建设单位与制造厂签订供货合同的技术附件。

（3）联合设计。有的试制设备或新开发的设备，由设计单位与设备制造厂联合设计，对分工合作过程中的技术责任、分工范围、经济关系、技术所有权等一系列问题进行协商，签订合同或协议，并在合同（协议）执行过程中进行多方面的技术业务联系。

（4）保护设计单位的合法权益。设备制造厂要遵重设计单位的专利技术和专有技术，按照国家保护知识产权的有关法律和规定执行，不得随意侵占和扩散设计单位的技术成果，保护设计单位的合法权益。

（5）信守合同，保证质量。设计单位要尊重建设单位的制造厂选择权。建设单位确定制造厂后，设计单位要认真做好服务，制造厂要信守合同，共同保障建设项目的安装、试车、投产的顺利进行。

6.2.5　与施工单位的业务联系

设计单位与施工单位之间的技术业务联系，一般开始于施工图设计准备阶段，直到竣工验收为止。主要业务联系是在施工安装阶段，那时将非常具体、相当频繁。

施工图设计的土建结构方案的确定，就必须了解施工单位的技术力量和装备水平，与施工单位共同研究确定土建结构设计方案，以便将施工图中的施工技术要求控制在施工单位力所能及的范围之内，从而避免设计返工，为施工的顺利进行创造有利条件。

施工图发出之后，施工单位应认真读图，理解设计，提出设计中的有关问题。在建设单位的组织下，设计单位的有关专业向施工单位进行技术交底，解释设计，说明施工中必须注意的关键技术要求和细节，并共同研究解决有关设计和施工的技术问题。在施工过程中，设计单位根据施工计划的进度，派出有关专业人员解决施工中出现的设计问题和其他问题，从设计角度保证施工安装的顺利进展。

施工单位应根据情况及时做好竣工图。设计单位处理施工中的设计问题必须及时签发"设计变更通知单"。双方密切配合施工安装，直至交工验收。

6.2.6　与其他各有关单位的业务联系

由于工程设计是涉及面广泛的、综合性的、高度社会化的、技术密集型生产活动，除上述五个方面的业务联系以外，设计单位还必须与上级主管部门进行联系，汇报项目设计的有关情况，听取其对项目的意见和有关指示；此外还与城建、环保、劳动人事、人防、消防、公安、交通、财经、银行、定额站、质检、供电、电信、水利等许多部门和单位进行技术业务联系。对于每一项工程设计来说，这都是必不可少的工作内容，忽略某一方面都会影响设计工作的正常进展。因此设计单位与建设单位须与他们保持联系，做好工作。

学习思考题

6-1　名词解释：勘查报告，风玫瑰图，回访总结，联合设计。

6-2　设计所需的基础资料有哪些？

6-3　施工图设计阶段对工程地质和水文地质报告有何要求？

6-4 工程项目设计中，对引进国外设备和技术应注意什么？

6-5 气象资料包括哪些内容？

6-6 对改、扩建项目，设计基础资料应如何收集？

6-7 设计单位应怎样配合施工单位搞好项目施工建设？

6-8 怎样保证工程质量、效益和进度？

6-9 设计单位的对外业务联系有哪些，该如何处理？

工程建设项目招标与投标

在人类文明进程中，商品交换的出现使得人类社会向前迈进了一大步，它使人类社会生产分工成为可能，从而产生各行各业。随着人类社会的高速发展，社会分工越来越细，社会合作越来越重要，交换也呈现出各种各样的形式。

招标是将市场机制引入非常规交易领域的有效方法，它能够促进交易双方加强经营管理，缩短最终产品的完成时间，确保最终产品的质量，降低最终产品的造价，提高资本的效益。招标就是邀请投标者，是一种经济活动形式。具体来讲，就是指不经过一般交易程序，由业主按照规定条件发表邀请公告，择优选择应征者的一种经济行为或方式；或者是指在一定范围内公开货物、工程或服务采购的条件和要求，邀请众多投标人参加投标，并按照规定程序从中选择交易对象的一种市场交易行为。

显然，工程建设项目的交易属于非常规交易，在工程建设项目上实行招标与投标，就是一项非常重要的举措。招标的意义在于：它是促进工程建设的巨大动力；可提高经济效益和社会效益；可使先进技术和科学管理得到发展；通过竞争优胜劣汰，促进企业发展，提高企业竞争能力；促进新型管理人才的培养；与国际接轨，迎接国际挑战，并走向世界。

从发展趋势看，招标与投标的领域还在继续拓宽，规范化程度也在进一步提高。在商业贸易特别是国际贸易中，大宗商品的采购或大型建设项目承包等，通常不采用一般的交易程序，而是按照预先规定的条件，对外公开邀请符合条件的国内外制造商或承包商报价投标，最后由招标人从中选出价格和条件优惠的投标者，与之签订合同。

工程建设项目实行招标与投标制，是基本建设管理体制改革的一项重要内容。这也是一项重要的国际惯例，许多国家和组织都十分重视，以之作为规范政府采购行为的有效措施纳入本国或本组织的法律体系。在我国，实行招标投标制是一项经济体制改革措施，是建立社会主义市场经济体系、规范基本建设管理行为的重要举措。为把市场机制引入投资领域，必须"全面推行建设项目法人责任制和招标投标制度"。建设项目的设计招标投标，是工程建设项目招标投标工作中的一部分。

本章就招标投标工作来做一简要介绍。对于利用外资的招标投标，应按其具体规定办理。

7.1 建设工程项目招标与投标

建设工程的招标和投标不受地区、部门限制，凡持有营业执照、资格证书的勘察设计单位、建筑安装企业、工程承包公司、城市建设综合开发公司等均可参加投标。工程项目主管部门和当地政府对外地区、外部门的中标单位，要一视同仁，提供方便。建设工程的招标、投标是法人之间的经济活动，受到国家法律的保护和监督。

7.1.1 建设工程招标形式

建设工程进行招标的形式一般有以下几种：

（1）全过程招标，即从项目建议书开始，包括可行性研究、勘察设计、设备材料采购、工程施工、生产准备、试车，直到竣工投产、交付使用，实行全面招标。

（2）设计招标。

（3）设备材料采购招标。

（4）工程施工招标，可实行全部工程招标、单项工程招标、部分工程招标、专业工程招标等形式。

7.1.2 建设工程招标条件

建设工程项目各种形式的招标，必须具备各自的基本条件：

（1）实行建设工程项目全过程招标，必须有相应权限审批机关批准的项目建议书、所需可靠的基础资料及建设资金。

（2）实行设计招标，必须具有相应权限审批机关批准的可行性研究等决策性文件，以及设计必需的可靠的基础资料和建设资金。

（3）实行设备材料采购招标，要有设计单位提供的设备、材料清单和非标准设备设计图纸，以及必需的资金。

（4）实行工程施工招标，必须有批准的工程建设计划、设计文件图纸和所需的资金。

上述各种招标形式，还必须成立负责招标工作的组织机构以及指定负责人。招标单位不得擅自改变已发出的招标文件，否则应赔偿由此而给投标企业造成的损失。标底在开标前要严格保密，如有泄漏，对责任者要严肃处理，甚至法律制裁。

7.1.3 建设工程招标办法

建设工程招标要贯彻公开、公平、公正的原则，招标机构应该是一个公正和权威的中介组织，以避免不正当竞争行为的发生。建设工程招标一般要采取下列办法：

（1）公开招标，即由招标单位在国家指定的专业刊物《中国招标》周刊上公开发布招标通告，让投标者有平等获得招标信息、参加投标的机会。

（2）邀请招标，由招标单位向有承担能力的若干企业发出招标通知；少数特殊工程可由项目主管部门或当地政府指定投标单位。

7.1.4 建设工程招标程序

7.1.4.1 一般工程项目招标程序

（1）编制招标文件，发出招标广告或通知书。

（2）招标单位对申请投标的企业进行资格审查。

（3）招标文件答疑。招标单位组织投标企业勘察工程现场，同时解答招标文件中的有关问题。

（4）投标企业密封报送标书。

（5）当众开标、议标，审查标书。由招标机构召集投标者和公证部门人员在标讯规定的时间召开开标大会，现场启封投标书，统一公布投标方案，并请公证部门公正。成立专家评标组，进行集体质询和评议标书，择优定标，以保证评标的公正性和权威性，公证部门参与评标过程，并对评标结论进行公证。确定中标单位，发出中标通知书。

（6）商务谈判。在招标机构的监督下，由招标单位（或其代理）与投标企业进行商务谈判，保证评标结论得以有效执行，并签订承发包合同及有关各种附件。

7.1.4.2 建设工程全过程招标程序

（1）由项目主管部门或建设单位，根据批准的项目建议书，委托几个工程承包公司或咨询、设计单位，做出可行性研究报告，通过议标选定最佳方案，确定总承包单位。

（2）总承包单位受项目主管部门或建设单位委托，组织完善可行性研究报告。经审查批准后，可按照顺序分别组织勘察设计招标、设备材料采购招标和工程施工招标，并分别与中标企业签订分包合同。

7.1.5 建设工程投标（报价）申请书

根据工程项目招标、投标的一般程序，招标单位发出建设工程项目招标通知书或招标广告，投标单位应在招标单位规定的时间内提出工程项目投标（报价）申请书。首先由招标单位对申请投标的单位进行资格审查，经审查合格后，通知申请投标单位购买或领取招标文件（工程项目招标（询价）书），投标单位提交投标申请书，表示投标单位有能力而且愿意承担项目全部或部分任务的意向，并能按合同要求保证质量和进度，竭诚为用户服务，以满足工程项目建设的要求。在投标申请书中可以根据招标单位的要求，附上本单位基本情况的说明，供招标单位作投标资格审查之需。本书提出投标申请书的一般组成和内容，其具体格式由投标单位视情况进行修改、补充。

建设工程项目投标申请书的组成和内容如下：

（1）投标申请函（书）。

（2）投标单位名称和经营系统：

1）单位名称、所有制性质、隶属关系；

2）单位地址、电话号码、电报挂号、传真号码；

3）法人代表姓名；

4）法人代表代理人授权委托书；

5）业务联系人姓名、电话；

6）开户银行账号；

7）营业执照、勘察设计证书、登记注册、承包工程项目技术等级证明书的号码及复印件。

（3）投标单位概况。

1）成立时间、简要发展史；

2）主要业绩表，包括承担过何种主要工程项目的名称、规模、达到的水平，获奖项目以及其他成就、经验等；

3）机构、人员与装备，包括组织机构、工程管理系统、质量保证体系、专业设置情况、技术力量、人员配备、职称、数量、技术装备水平等；

4）服务范围与内容，即承担任务的能力，可以提供服务的内容和范围，应说明如下方面：

①只提供专利技术（本单位或其他单位的专利技术）；

②提供专利技术、基础设计和技术服务；

③提供专利技术、基础设计、详细设计和技术服务；

④提供专利技术、基础设计、详细设计，并负责设备材料采购和技术服务；

⑤提供专利技术、基础设计、详细设计，同时负责设备材料采购、施工、安装和指导试车考核、技术服务以及人员培训等，即实行全功能总承包。

5）财务状况，说明年平均承包工程的投资额。

（4）承担过类似工程项目的业绩情况：

1）类似工程情况一览表；

2）参加人员表（类似工程项目投入人员及其经历）。

7.1.6　建设工程招标（询价）书

建设工程项目招标（询价）书的内容，应根据全过程招标、勘察设计招标、设备材料采购招标等不同特点，分别拟定。本书为招标单位编制建设工程招标（询价）书提供一般导则，同时也使总承包或分包投标单位了解工程项目总承包或分包的一般情况，各行业和工程公司可根据建设工程项目的实际情况进行补充和调整。

建设工程项目招标书一般应包括以下方面：

（1）投标单位接到招标书后，应按招标书的规定编制投标书，投标密封后以×式×份在×月×日前送到招标单位。

（2）投标书有下列情况之一属于废标：

1）未密封；

2）未按招标书的要求编号；

3）未加盖投标单位印章；

4）逾期交标。

（3）投标单位如发现招标文件有误或不清楚时，可在×月×日前用书面形式提出，由招标单位负责解释。

（4）投标书送到招标单位后，在开标日期规定的时间之前可提出撤回或修改投标书，但以招标单位收到书面文件或电文之日为准，符合上述手续者，修改后的投标书仍然有效。

（5）由招标单位根据投标单位的承包能力、企业信誉、质量标准、建设周期、售后服务、技术经济指标、投标价格等综合考虑，确定中标单位。

（6）对于工程项目属于（　　）密级的，投标单位应按国家（或政府）的有关规定予以保密。

（7）建设工程项目招标内容说明：

1）工程项目名称；

2）项目（或设计）任务的批准情况及批复文件；

3）工程规模、产品品种、产品规格和质量要求；

4）原料、燃料的品种、性能、指标及来源；

5）三废治理要求；

6）建厂条件；

7）公用工程条件；

8）施工条件；

9）建设周期；

10）承包范围；

11）有关工程投资控制及定额计价标准等规定；

12）对采用标准、规范的要求；

13）合同的主要条款；

14）设备、材料的供应方式；

15）有关引进技术的情况；

16）建厂地区协作条件；

17）其他需要说明的问题。

（8）组织现场调查，进行招标文件交底以及解答投标单位提出问题的日期和地点。

（9）对投标单位的特殊要求。

（10）报送投标书的起止日期、地点。

（11）开标日期、地点。

（12）投标书格式规定。

（13）其他需要的有关说明。

（14）招标附件。

7.1.7 建设工程投标（报价）书

根据建设工程项目招标、投标的一般程序，投标单位经资格审查合格后即可购买或领取招标（询价）书。投标单位组织编制工程项目投标（报价）书，在规定的时间内发送给招标单位。本书提供投标书的内容和深度适用于国内一般工程项目投标（报价）。对于国外工程项目亦可参照使用。如用户有特殊要求时，其投标书的内容、深度和格式，应按用户招标书的要求编制。

7.1.7.1 技术报价书

A 总则

（1）项目方案说明，包括项目内容、采用技术原则简介。

（2）设计基础：

1）工厂设计规模；

2）产品性能指标；

3）原材料、燃料及公用工程条件；

4）厂址及厂区自然条件；

5）标准规范；

6）设计原则。

（3）专利情况介绍。

B 工厂概况

（1）工艺生产装置。

（2）辅助生产装置（或设施）。

（3）配套公用工程。

C　工艺装置说明

（1）工艺特点（附采用过此工艺的工厂一览表）。

（2）工艺说明。分工号或工序流程、布置、主要设备选型，说明蒸汽、动力、水、其他气体平衡方案；

（3）工厂自动化水平。

（4）装置生产能力、产品与副产品的规格。

（5）消耗定额。

（6）废气、废水、废渣的数量、规格、处理方案及其环境保护措施。

（7）定员。

D　设备清单

列出设备名称、型号、规格、主要材料及台数。

E　设备材料的供应范围

（1）界区说明。

（2）投标者供应范围。

（3）用户供应范围。

F　技术资料

（1）投标者提供的技术资料清单。

（2）用户提供的技术资料清单。

G　其他

（1）备品备件及易耗件清单。

（2）首次填充的化学物品及催化剂数量（包括预期使用寿命）。

（3）超限、超重件一览表。

（4）关键设备订货厂商清单。

H　附件

（1）全厂总平面布置图。

（2）工艺物料流程图，蒸汽、动力、水平衡图。

（3）工艺布置图（装置概略布置图）。

（4）全厂物料表（根据用户要求及技术成熟程序确定）。

7.1.7.2　商务报价书

A　概况

（1）简介。项目报价单位名称、报价依据、参与本工程项目报价的有关单位和专利商品名称及其报价范围与内容等。

（2）项目范围。报价的工程项目或装置名称。

（3）服务范围。根据招标（询价）书的要求，可按投标书中有关服务范围与内容供用户选择。

B　报价金额

（1）报价条件。对各项报价项目内容的说明。

（2）价格：

1）专利技术、基础设计、详细设计费用；

2）工厂设备、材料费按要求列出，并列出主要设备价格；

3）技术服务、管理及其他费用；

4）工程合同总价。

（3）付款及银行担保条件。

C　服务

（1）服务范围说明及其他。

1）设计指导服务；

2）设备采购咨询服务；

3）现场施工管理服务；

4）试车、考核管理服务；

5）培训服务；

6）其他服务。

（2）服务费用及支付办法。

D　进度计划

设计、设备采购、施工安装及试车进度。

E　保证与考核

（1）保证条件。

（2）安装验收与试车保证。

（3）试车考核与质量保证。

（4）机器设备制造厂商保证。

（5）违约罚金。

F　其他条款

（1）人力不可抗拒因素。

（2）保密义务。

（3）对询价文件的修正。

（4）使用的文种、单位制。

（5）税务、保险。

（6）有效期。

（7）投标商注册名称、法定地址、项目经理或总设计师或项目负责人姓名、职称、经历。

（8）其他。

7.2　竞争性投标方法概述

招标投标的一个特点是具有竞争性，这是指投标本身就是一种竞争行为。投标企业要争取中标，就必须对可能的竞争对手作出估计和进行科学分析。科学分析的工具就是竞争性投标理论。

在招标投标中，一般情况下是投标报价最低者中标。因此，投标者的决策，就是在达到自己投标目的的前提下，提出一个低于竞争者报价的价格以争取中标。投标者投标目的比较复杂，可能有：（1）尽可能获得最高即期（近期）利润；（2）尽可能获得最高的长期利润；（3）保持最低限度的盈利率；（4）尽可能减少竞争者的利润；（5）准备略亏，但保证创造出信誉，为以后扩大市场份额做准备等。

在竞争性投标理论中，通常是作出如下两个假定：（1）企业投标目的是为了尽可能获得最高的即期（近期）利润；（2）报价最低的投标者会中标。

7.2.1 投标前的分析——决定是否参加投标

首先，应明确投标目标，同时要尽可能分析竞争者的投标目标，根据其具体情况，来调整、修正自己的投标策略。不能过分依赖假定的条件。

其次，要制定评价投标机会的标准。因为招标投标业务开展得比较普遍，对一个特定企业来说，总是存在着许多投标机会。企业受诸多因素的制约，不可能参加所有的投标竞争，必须有选择地投标，为此需要制定评价投标机会的标准。通常的情形下，这些标准包含下述内容：

（1）招标项目需要的劳动力技能和技术能力。

（2）企业现有设备的能力。

（3）完成这个投标项目，随后会带来的其他投标机会。

（4）投标项目需要的设计工作量。

（5）竞争情况。

（6）企业对该投资项目的熟悉程度。

（7）交货条件。

（8）经验。

在衡量一次投标机会时，应按上述八项标准进行分析。具体的方法和步骤如下：

第一步，按照八项标准各自对于企业的相对重要性，分别给它们确定权数。

第二步，用上述八项标准对投标项目进行衡量，按每项标准的相对价值，将其区别为高、中、低三个等级，再将这些等级赋予定量的数值，如10、5、0等。例如，若企业使用现有劳力技能就能完成招标的工程项目（就是说不需要为此项招标项目提高劳力技能），则劳力技能这项标准的等级可以确定为10（即最高等级）。

第三步，把每项标准的权数与等级得分相乘，求出每项标准的得分，八项标准得分之和，就是这个投标机会价值的总分数。

第四步，把计算出的总分数与过去其他投标情况进行比较，或者和企业自己事先确定的准备接受的最低分数相比较。如果总分数达到了一定的标准，即投标者认为合格后，就可以着手拟定报价，参加该项目的投标竞争。

假定有一个企业，准备参加某项目的投标，该企业事先决定最低分数为须达到650分，才准备报价参加投标。通过对这次投标机会的分析，具体的情况是：企业现有劳动力技能可以承担该项目的建设；企业对该项目招标项目的要求也很熟悉；企业对该项目的建设有比较丰富的经验，可以使成本有所降低。因此，这几项标准都评为高等级，都得10分。具体情况见表7-1。

表 7-1 对一项投标机会的评价

投标前应分析的因素	权数	划分等级			得 分
		高	中	低	
		10	5	0	
劳动力技能	20	10			200
设备能力	20				100
随后投标机会	10		5		0
设计工作量	5	10			50
竞争条件	10		5		50
对投标项目熟悉程度	15		5	0	150
交货条件	10				50
经 验	10	10			100
合 计	100				700
企业事先决定最低可接受的分数			650		

企业对这次的投标机会具体分析表明，由于总分数已达到 700 分，超过了企业事先确定的最低可接受的分数。所以，该企业应参加这次投标。

这里要指出的是，企业根据需要和具体情况，可以增加或减少评价标准。对评价标准三个等级的赋值，可以以 10、5、0 来表示高、中、低三个相应的等级，也可以用其他数值代替，但要注意计算时应简单方便。企业确定一个可以接受的最低分数线，主要是根据企业过去的投标情况和企业的现状来决定的。

7.2.2　估算完成招标项目需要的直接成本

企业决定投标以后，就要估算完成这项合同所需要的直接成本。直接成本决定了投标价格的最低限度，在此限度下，企业就不会愿意去投标。估算直接成本对企业来讲比较方便，存在困难较少，主要是须考虑到所有的费用，既不能遗漏，也不能重复。

7.2.3　制定正确的投标策略

企业在投标竞争中，关键的因素是判断中标的概率，即获胜的可能性。

在一般情况下，投标价格提高时，中标的机会就要下降；而投标失败，利润即等于零。因此，投标企业的报价应是这样的：既能保证投标中标，又要保证获得最大利润。要找出这样一个最优报价，就需要运用概率理论。

例如，有一个企业准备投标，经过投标企业的计算，要完成这项业务，它的成本需要 40 万元。假定该企业报价 60 万元时，中标的概率为 0.80；报价水平为 90 万元时，中标概率会降为 0.10。在这种情况下，如果该企业希望尽可能获得最大的即期利润，应该怎样决定报价水平呢？这里可以简单计算一下：报价水平为 60 万元时，预期利润为 16 万元 [0.80×（60-40）]；报价水平为 90 万元时，预期利润为 5 万元 [0.10×（90-40）]。因此，该企业的投标报价应为 60 万元。

从这个例子中可以看出，预期利润的计算公式为：

$$预期利润 = 中标概率 \times （报价 - 成本）$$

可见，对企业投标更有意义的不是直接利润（报价与成本的差额），而是预期利润。因为直接利润没有考虑投标获胜的概率，或者说没有估计失败的可能性；而预期利润既考虑了获胜机会，又考虑到报价与成本的关系，因而是比较合理的利润。

在投标竞争的情况下，投标企业往往面临以下几种情况：

（1）投标企业知道竞争对手是谁，以及对手的数目，这是最理想的状况。

（2）投标企业知道竞争对手是多少，但不知道对手具体是谁。在这种状况下，因为没有掌握好具体竞争对手的情况，投标策略的可能性就要差一些。

（3）投标企业既不知道竞争对手数目，也不了解对手是谁。在这种情况下，企业参加投标取胜的可能性就比较小。因为基本上是盲目投标，缺乏一定的情报资料，企业制定的投标策略，与前两种情况相比，就少有现实性。

因此，企业参与投标竞争必须尽量预先估算到竞争者的数量，搜集有关竞争者的情报资料。同时也要了解招标者的有关情况，据此制订的投标策略获胜的可能性就要大一些，也容易签到一份满意的合同。

现在就撇开上述三种情况中的第三种情况，就前面两种情况下投标企业如何确定和判断中标概率，制定正确的投标策略进行一些分析。

在第一种情况下，为便于讨论，先再进行抽象。

假设某承包商已知：在投标竞争中的对手，并且只和这一个对手（假定为承包商 W）进行竞争。而且承包商和 W 企业在过去投标中曾经打过多次交道，有下面的情报记录表 7 - 2。

表 7 - 2 情报记录

承包商 W 的标价/承包商的估价	频　率
0.8	1
0.9	2
1.0	7
1.1	12
1.2	21
1.3	18
1.4	7
1.5	2
总　计	70

有了对应比例下的频率表，承包商可以标出不同投标比例的概率。即将各项投标的频率除以频率总计。例如，比例 1.0 的概率是 7/70，即 0.10。其他比例的概率计算，如表 7 - 3 所示，概率取小数点后两位。

在算出各种比例的概率之后，承包商就可以计算他所出的各种标价比 W 低的概率。为方便起见，承包商可采用与承包商 W 不同的比例进行投标。例如，W 采用 1.10 时，承包商可采用较低的 1.05（假定承包商决定用表 7 - 4 所列的可行标价与估价的比例）。

表 7 - 4 中的概率，即表示承包商按一定比例（标价与估价的比）投标时的获胜概率。如承包商按 1.05 投标时，得标的概率是 0.86；承包商按 1.35 之比投标时，得标的概率是 0.13。

表 7 - 3 各种比例的概率计算

承包商 W 的标价/承包商的估价	概　率
0.8	0.01
0.9	0.03
1.0	0.10
1.1	0.17
1.2	0.30
1.3	0.26
1.4	0.10
1.5	0.03
总　计	1.00

表 7 - 4 可行标价与估价的比例

承包商的标价/承包商的估价	承包商的标价低于 W 标价的概率
0.75	1.00
0.85	0.99
0.95	0.96
1.05	0.86
1.15	0.69
1.25	0.39
1.35	0.13
1.45	0.03
1.55	0.00

表 7 - 4 中的概率的计算，是将 W 所有高于相应比例的概率相加而成。因为我们假定标价最低者获标。例如，承包商将标价与估价之比定为 1.35，得标概率就是 0.03（W 按 1.5 比例投标的概率）和 0.10（W 按 1.4 比例投标的概率）之和，即 0.13。

得到上述数据后，假定项目的成本为 C，结合获胜概率，可得到在不同报价水平情况下的预期利润，见表 7 - 5。

表 7 - 5 与一个竞争对手投标的预期利润

承包商的投标	与承包商 W 竞争投标时的预期利润
$0.75C$	$1.00 \times (-0.25C) = -0.250C$
$0.85C$	$0.99 \times (-0.15C) = -0.149C$
$0.95C$	$0.96 \times (-0.05C) = -0.048C$
$1.05C$	$0.86 \times (+0.05C) = 0.043C$
$1.15C$	$0.69 \times (+0.15C) = 0.104C$
$1.25C$	$0.39 \times (+0.25C) = 0.098C$
$1.35C$	$0.13 \times (+0.35C) = 0.046C$
$1.45C$	$0.03 \times (+0.45C) = 0.014C$
$1.55C$	$0.00 \times (+0.55C) = 0.000C$

从表7-5可以看出，用1.15的投标比例乘以项目估价（项目估计成本），就可得到相应的预期利润0.104C。即与W竞争时，承包商按标价与估价比为1.15进行投标，是最有利的。例如，招标项目估价是100000美元，投标价格就应该是115000美元。预期利润应为10400美元。

现在将竞争对手扩大到两个。承包商可采用类似的方法，拟订投标策略。假定某承包商X与已知的两个对手Y和W承包商竞争。承包商X收集了有关Y和W的情报，见表7-6。

表7-6　投标与获胜的概率

承包商X的标价/承包商X的估价	承包商X对Y和W获胜的概率	
	Y	W
0.75	1.00	1.00
0.85	0.99	1.00
0.95	0.96	0.98
1.05	0.86	0.80
1.15	0.69	0.70
1.25	0.39	0.60
1.35	0.13	0.27
1.45	0.03	0.09
1.55	0.00	0.00

计算承包商X的预期利润时，它的获胜概率为X的标价低于Y和W概率的乘积（因为X标价低于Y的概率和W的概率是两件互不相关的事件。根据概率论的理论，互无关系的事件同时出现的概率，是它们各自概率的积）。例如，承包商X在投标1.15C的获胜概率（低于Y，也低于W的投标），是0.69和0.70的乘积，即0.483。因此，预期利润是0.483×0.15C，也就是0.07245C。所有投标的预期利润，均依次计算，如表7-7所示。

表7-7　与两个竞争对手投标的预期利润

承包商X的投标	与承包商Y和W竞争投标时的预期利润
0.75C	$1.00 \times 1.00 \times (-0.25C) = -0.250C$
0.85C	$0.99 \times 1.00 \times (-0.15C) = -0.149C$
0.95C	$0.96 \times 0.98 \times (-0.05C) = -0.047C$
1.05C	$0.86 \times 0.80 \times (+0.05C) = 0.034C$
1.15C	$0.69 \times 0.70 \times (+0.15C) = 0.072C$
1.25C	$0.39 \times 0.60 \times (+0.25C) = 0.059C$
1.35C	$0.13 \times 0.27 \times (+0.35C) = 0.012C$
1.45C	$0.03 \times 0.09 \times (+0.45C) = 0.001C$
1.55C	$0.00 \times 0.00 \times (+0.55C) = 0.000C$

从表7-7中可以看出，承包商X投以标价和估价比为1.15时的价格，预期利润最大。值得注意的是，尽管投标报价和只有一个竞争对手时是一样的，但预期利润仅为

$0.072C$，少于只和一个竞争对手竞争时的预期利润 $0.104C$，这是因为竞争者愈多，竞争程度愈高，达标的可能性也就越小。一般来说，随着竞争者数量的增多，优化投标价格总是趋于下降。

对于两个以上已知的对手竞争的情况，也可采用类似的方法处理，这里不再赘述。

在投标者面临的第二种情况下，如何确定投标策略？即在仅知道竞争者数量，但不知道具体对手的情况下该如何投标呢？在这种情况下，投标者的投标策略与第一种情况相比来说，可靠性就要差一些。投标者通常是假定其竞争对手中有一个平均值，即所谓平均对手。假如承包商已获得了低于平均对手的概率，见表 7-8。

表 7-8 低于平均对手的概率

承包商的标价/承包商的估价	承包商投标低于平均对手的投标概率
0.75	1.00
0.85	0.98
0.95	0.95
1.05	0.85
1.15	0.60
1.25	0.40
1.35	0.20
1.45	0.05
1.55	0.00

承包商低于多个竞争对手的概率，就是低于各个平均对手的概率的乘积。有几个对手，其概率就是平均对手概率的几次方。表 7-8 中，假定承包商是与 5 个对手竞争，承包商所投标价为 $1.15C$ 时，其低于 5 个竞争者的概率，应为 0.60^5，即约为 0.078，预期利润就应是 $0.078 \times 0.15C$，即 $0.012C$。同理可求出其他投标时的预期利润，见表 7-9。

表 7-9 与 5 个竞争对手投标的预期利润

承包商的投标	与 5 个对手竞争投标时的预期利润
$0.75C$	$1.00^5 \times (-0.25C) = -0.250C$
$0.85C$	$0.98^5 \times (-0.15C) = -0.135C$
$0.95C$	$0.95^5 \times (-0.05C) = -0.039C$
$1.05C$	$0.85^5 \times (+0.05C) = 0.022C$
$1.15C$	$0.60^5 \times (+0.15C) = 0.012C$
$1.25C$	$0.40^5 \times (+0.25C) = 0.003C$
$1.35C$	$0.20^5 \times (+0.35C) = 0.000C$
$1.45C$	$0.05^5 \times (+0.45C) = 0.000C$
$1.55C$	$0.00^5 \times (+0.55C) = 0.000C$

从表 7-9 中可见，投标 $1.05C$ 时，具有最大利润 $0.022C$。同时也可以看出，投标者的预期利润，与只有一个竞争对手或两个竞争对手时相比，是逐渐下降的。

实际上，随着竞争者数量的增加，有这样两个事实：一是承包者最好的预期利润是逐渐下降的；二是最好的投标价格水平是逐渐下降的。可以想象到，随着投标竞争数量的大量增加，投标者的预期利润也就趋于零，其最好的投标报价水平也就和项目的实际造价相近似了。

前面所讨论的投标决策方法对提高投标企业的获胜率、减少决策失误有着直接的现实意义。其中需要注意的一个基本方面就是尽量收集有关的情报资料。企业每参加一次投标（无论中标与否），都应把该次投标的有关情报记录下来，为以后投标提供较好的基础。

但是，这种构建在概率基础上的投标决策模型有两个缺陷：一是它假定竞争者今后采取的投标策略与过去的投标策略是一样的，而事实上这个前提假定是难以有充分保证的；二是我们所讨论的投标策略没有考虑到一些具体的情况，例如竞争对手们要求项目的缓急情况、项目的具体内容以及招标者的具体要求等，这些情况都要影响到投标策略。

因此，企业在实际投标活动中，要尽可能掌握充分的情报资料，要随时根据具体的情况来调整自己的投标策略，而不能盲目套用投标决策模型。

7.3　建设工程项目设计招标与投标

建设工程项目设计招标与投标是基本建设工程项目招标形式中的一种。实行工程设计招标投标，把市场机制引入设计行业，鼓励竞争，促进设计单位优化设计，采用先进技术，降低工程造价，缩短建设工期，提高投资效益。

建设工程项目设计招标与投标，根据项目的不同专业性质、不同设计阶段分段招标。但是，由于设计工作本身的固有特点，一般不宜采取分段招标形式，应从可行性研究方案或设计方案招标为好。通过方案竞争择优选定设计单位，并继续承担后阶段的设计任务，以保持设计工作的连续性。无特殊情况，不要在可行性研究方案招标之后，再搞初步设计招标，另选设计单位。

进行设计招标投标，必须掌握工程设计的招标条件、招标方式、招标工作程序和招标文件的编制，以及评标和定标工作的要求等，否则设计招标就无法正常进行。详细可以参阅7.1节中叙述的内容和要求。本节对设计招标投标的内容做补充性简述。

7.3.1　设计招标文件的主要内容

招标文件一般应包括以下内容：

（1）投标须知。

（2）上级对拟建项目的政策性文件的复制件。

（3）项目说明书，包括工程内容、设计范围和深度、建设周期以及设计进度等的要求。

（4）设计资料供应的内容、方式和时间以及设计文件的审查方式。

（5）组织现场踏勘和进行招标文件说明的时间和地点。

（6）投标起止日期。

（7）其他。

7.3.2   设计投标文件的主要内容

投标书的内容应符合招标文件的规定，一般应包括如下主要内容：

（1）设计方案的主要特点。

（2）主要设计原则。

（3）建设条件。

（4）建设规模、产品方案和产品销售。

（5）主要设计方案。

（6）设计与建设进度。

（7）综合经济与效益评价。

（8）存在问题与建议。

7.3.3   评标与定标

评标与定标是搞好设计招标的关键。为保证招标工作的公正性和评标的权威性，必须按国家有关规定执行。

评标组应邀请办事公正、经验丰富、有较高技术水平的对口专家组成。对投标方案作出评价，推荐一二个优秀方案，提请招标领导小组审定，确定中标单位。

设计招标的评标标准主要是从设计方案优劣、工艺技术水平的高低，投资省、成本低、效益好以及设计进度、质量保证、施工服务，还有设计单位的资历和社会信誉等方面进行综合考虑。

评标、定标的日期不能过长，从发出招标书到开标最长不得超过半年。开标、评标确定中标单位一般不得超过一个月，确定中标单位后，双方即可签订下步设计合同。

7.3.4   最低设计费报价计算

设计费的高低在投标过程中也是决定投标是否成功的重要方面，除了预期利润法外，下面从另外两个角度，分别举例说明，该如何确定一个项目的最低设计费或设计费的最低报价。

7.3.4.1   方法一：根据设计院成本利润计算设计费

例一： 某项工程初步定为 10 人参加工程设计才能完成，每月工资为 3000 元/（人·月），共计要 4 个月才能完成设计任务。已知条件如下：

（1）施工服务时间为 1 年，2 人常住现场，现场补助费为 2200 元/（人·月）；

（2）其他直接成本费如图纸成本及差旅费等占总费用的 20%；

（3）设计人员的奖金按总费用的 20% 考虑；

（4）应上交国家的税收按国家税法规定，以其他服务行业税为总费用的 6% 计；

（5）设计院的经营招待费按总费用的 15% 计；

（6）设计院应取得的合法利润按总费用的 20% 计。

试计算本工程设计，设计院的最低报价应报多少钱？

计算步骤：

先假定最低报价为 Y 万元，各项费用分别计算如下：

（1）人工费：

工资：$10 \times 4 \times 3000 = 12$ 万元

施工服务费：$2 \times 12 \times (3000 + 2200) = 12.48$ 万元

人工费小计 $= 12 + 12.48 = 24.48$ 万元

（2）其他直接成本费：$Y \times 20\%$ 万元

（3）奖金：$Y \times 20\%$ 万元

（4）应交税：$Y \times 6\%$ 万元

（5）经营费：$Y \times 15\%$ 万元

（6）利润：$Y \times 20\%$ 万元

列出平衡方程，$\sum$ 各项费 $=$ 总费用 Y，即：

$24.48 + Y \times 20\% + Y \times 20\% + Y \times 6\% + Y \times 15\% + Y \times 20\% = Y$，解方程得：

$$Y = \frac{24.48}{1 - 20\% - 20\% - 6\% - 15\% - 20\%} = 128.84 \text{ 万元}$$

此即为设计费最低报价。

7.3.4.2　方法二：根据工程造价计算设计费

A　设计费计算依据

根据中国物价出版社出版的原国家计委、建设部 2002 年关于《工程勘察设计收费管理规定》（计价格 ［2002］ 10 号）及《工程勘察设计收费标准》（2002 年修订本），工程设计费主要由按投资额计算的收费基价、非标准设备设计费、专业调整系数 3 项组成。一般可行性研究和方案设计按工程设计费的 10% 计取，初步设计的设计费占工程设计费的 30%，非标准设备设计费为非标准设备价格的 13%～16%，全厂总体规划设计按照 10000～20000 元/ha 计算收费。

B　设计费计算

现以某 50 万吨/a 化工冶金一体化项目一期 25500kV·A×2 矿热炉工程设计费计算为例。

（1）电炉设计收费基价

25500kV·A×2 高碳铬铁电炉，工程固定资产投资 20650 万元，扣除烧结车间 1600 万元、煤气柜及发电车间 1800 万元、110/35kV 变电站 2500 万元及其他工程费用 2415 万元后，实际应投入工程费用为 12335 万元，以此为基础来计算设计收费基价。

根据附录 3 工程设计收费有关资料 P208 页附表一中的基价数据，投资为 10000 万元的收费基价为 304.8 万元，投资为 20000 万元的收费基价为 566.8 万元，由插值法计算得 12335 万元投资的收费基价：

$$304.8 + \frac{566.8 - 303.8}{20000 - 10000} \times (12335 - 10000) = 366.2 \text{ 万元}$$

（2）非标设备设计费

25500kV·A 电炉及煤气净化等专业非标准设备由设计方提出技术要求，非标设备图由制作安装单位制作并出图，故设计院可不收此部分设计费。此部分设计费的计算如下，一般 25500kV·A 矿热电炉非标造价约 1700 万元，非标设备设计费率 13%～16%（取中间值 14.5% 见附录 3 工程设计收费有关资料 P209 页附表三），应收入设计费：1700 ×

14.5% =246.5 万元。

（3）专业调整系数

加工冶炼工程设计取费的专业难度（封闭炉）调整系数为1.2（见附录3工程设计收费有关资料P208页附表二），应收设计费：

$$366.2 \times 1.2 = 439.5 \text{ 万元}$$

（4）设计费报价

考虑到双方长期友好合作关系，按9.5折优惠，则设计费报价为：

$$(439.5 + 246.5) \times 0.95 \approx 651.7 \text{ 万元}$$

学习思考题

7-1　名词解释：招标，投标，全过程招标，标书，邀请招标。

7-2　招标有哪些形式？

7-3　工程招标应具备哪些条件？

7-4　工程招标的目的是什么？

7-5　工程招标的基本原则是什么？

7-6　工程招标的程序是什么？

7-7　影响投标决策的因素有哪些？

7-8　投标的技巧有哪些？

7-9　建设工程项目投标申请书的组成和基本内容有哪些？

7-10　建设工程项目招标书的内容有哪些？

7-11　建设工程项目投标书的内容有哪些？

7-12　招标文件的内容有哪些？

7-13　招标投标活动中有哪些禁止行为？

7-14　怎样评标和定标？

7-15　怎样确定一个项目的最低设计费或设计费的最低报价？

7-16　预期利润法如何用来确定设计费报价？举例说明。

8 工程设计质量控制

工程设计成果是工程建设项目每一阶段工作的依据，工程项目的主要质量特性（除施工、设备制造及安装质量外），都已由工程设计文件所确定。因此，工程设计水平和设计质量的优劣，对工程项目的建设进程以及投产以后的效果产生直接影响，这将在很大程度上决定项目的投资效益能不能达到预想的结果，能不能满足用户明确或隐含的需要。为此，设计单位要强化质量意识，建立工程设计质量保证体系，规范设计单位在工程项目全过程中的质量行为，不断提高设计成果的整体质量。这不仅有利于提高设计单位自身在市场中的竞争力，而且对用户、对工程建设事业都具有重要意义。

ISO 是国际标准化组织的简称（International Organization for Standardization），是世界上最大的国际标准化专门机构。它与联合国许多机构保持密切的联系，是联合国经社理事会和贸易理事会最高一级的咨询机构。ISO 的主要任务是制定国际标准、协调世界范围内的标准化工作、与其他国际性组织合作研究有关标准化问题。其目的是促进标准化工作在世界范围内的发展，扩大国际间的科学、技术和经济方面的合作。它的成员已有 100 多个，我国是 ISO 的正式成员。

由国际标准化组织"质量管理和质量保证技术委员会"（ISO/TCI76）组织各国质量管理专家制定的所有国际标准称为"ISO 9000 族标准"。1986 年颁布了 ISO8402 标准，1987 年颁布了 ISO 9000～9004 标准，组成了质量管理和质量保证的一套系列国际标准（包括术语标准、质量管理和质量保证标准、支持性技术标准），被世界上多数国家采用，形成了"ISO 9000 现象"。该标准于 1994 年、2000 年进行修改换版。我国于 1988 年对 1987 版以 GB/T 10300 "等效"采用；1992 年由"等效"改为"等同"采用，GB/T 19000—1994 idt ISO 9000；1994 年发布 GB/T 19000—2000 idt ISO 9000；2000 年发布 GB/T 19001—2000 idt ISO 9001；2011 年发布 GB/T 19004—2011 idt ISO 9004。

实施 ISO 9000 族标准是市场经济发展的需要：

（1）国际贸易竞争的驱动。

（2）提高企业素质的驱动。按照 ISO 9000 族标准建立质量管理体系，为提高企业的竞争能力提供了有效的方法。这有利于提高产品质量，有利于企业的持续改进以及持续满足业主的需求和期望，也是建立现代企业制度和企业文化的需要。

质量管理体系的实施要点如下：

（1）根据组织所提供产品的特点，识别和确定业主与其他相关方的需求和期望，包括现行的需求和潜在的、发展的需求以及法律法规的要求。

（2）按照业主与其他相关方的需求及企业的质量宗旨和方向，制订和颁布企业的质量方针和质量目标。

（3）识别和确定实现质量目标所必需的各个实施过程中的职责。

（4）确定和提供实现质量目标所必需的资源。

（5）规定测量每个过程的有效性和效率的方法。

（6）应用测量方法评定每个过程的有效性和效率。

（7）确定防止不合格发生并消除产生不合格原因的措施。

（8）建立和应用高效过程以持续改进质量管理体系。

8.1 工程设计质量的概念

设计单位逐步成为自主经营、自负盈亏、自我发展、自我约束、自担风险的科技型企业，它的产品——各种设计文件，就成为技术商品进入市场，将受到市场经济规律的制约。设计单位只有不断提高工程设计产品的质量和水平，不断提高服务质量，才能树立良好的信誉，才能不断拓宽市场，取得任务，否则将在激烈的市场竞争中无法生存。因此质量是企业的生命线。"要采取切实有效的措施，把产品质量、工程质量和服务质量提高到一个新的水平"。质量是效益的核心，效益是质量的结果。

随着社会经济的发展，人们对质量的概念不断深化。特别是世界范围内的质量管理活动促使质量概念由"狭义"转变为"广义"，并逐渐被人们所接受。

长期以来，认为设计单位质量的体现，就是设计图纸、设计文件的质量，仅仅从"符合性"来衡量设计质量。设计人员在进行设计时，往往只当作完成下达的任务，当作完成定额、完成产值指标的任务。而对产品，用户如何使用、使用起来有什么样的情况、能否达到预期设计效果、有什么样的意见和要求，都很少关心和过问，这就是狭义的质量概念。在这个狭义的质量概念影响下，大部分设计人员质量观念淡薄，把质量管理认为是少数管质量审核人员的事。大多数设计人员片面地重图面，轻方案；重错漏遗缺，轻可靠性，不了解用户，不能很好地为用户服务。要提高产品质量既无从谈起，也无从做起。

从1980年开始推行TQC全面质量管理，目的是转变质量观念，突出为用户服务，"生产用户满意的产品"。这是"质量管理学在理论上和实际上的重大发展"，对我国质量管理工作产生了巨大的影响和难以估量的作用。

全面质量管理，是建立于广义基础上的"质量"概念。"适用性"是产品质量的一个重要特点，以产品在使用中成功地满足用户要求的程度来衡量其"质量"。

为了与国际质量管理接轨，我国从1990年开始学习和贯彻ISO9000系列标准。

根据国家技术监督局和中国质量体系认证机构国家认可委员会审定，勘察设计行业实施ISO 9000族《质量管理和质量保证》系列标准，按GB/T 6583—ISO 8402规定的质量标准定义，反映产品或服务满足明确或隐含需要能力的特性及特性的总和。这个质量概念是建立在反映用户（业主）"需要"总体能力的大范畴内。

TQC全面质量管理是通过全员、全方位、全过程的质量管理来提高产品质量、服务质量。ISO 9000系列标准是通过质量管理、质量体系、质量保证模式来达到控制产品质量的目的，因此两者都强调质量管理，一切从用户的"需要"出发，为用户所"满意"。

按照ISO 8402：1994《质量管理和质量保证——术语》的定义，全面质量管理是"一个组织以质量为中心，以全员参与为基础，目的在于通过让顾客满意和本组织所有成员及社会受益面达到长期成功的管理途径"。系列标准强调一个组织质量管理的职能是制定和实施质量方针，建立完善的质量体系，并保证其有效运行，保证产品满足规定的要求和用户的期望。从这个定义可以看出，系列标准与 TQC 全面质量管理的原理基本上是一致的。

　　TQC 全面质量管理是站在企业立场上提出的一套科学管理方法，十分重视激发职工的主人翁精神。它的一套 PDCA 循环的基本工作方式，促使企业能连续不断地进行质量改进，提高产品质量、服务质量。系列标准是站在买方立场上，对企业的质量管理和质量保证提出的要求，具有明确的商业性特点，以适应买方市场为宗旨。因此二者从不同的角度提出的质量管理体系，其目的是一致的，都是围绕提高企业的竞争力。

　　ISO 9000 系列标准中的定性或定型条款，是一种模式和指南，它使国际和国内的贸易交往建立了共同的管理语言和准则，这是各国开展质量保证和企业建立质量管理体系的指导性文件，也是我们进入国际市场、参与国际市场竞争的需要。加速贯彻这个系列标准，是指导设计单位建立、健全质量体系，进一步提高设计单位的质量管理和质量保证能力，提高设计单位的素质，以适应建筑市场的需要。

　　工程设计是根据建设工程所在地的自然条件和社会要求，运用当代科技成果，将用户（业主）对拟建工程的要求及潜在的需求，即满足明确或隐含需要能力的特性，转化为建设方案和图纸，并参与实施，提供服务，最终使用户（业主）获得满意的使用功能和经济效益，并具有良好的社会效益，即能完全反映用户（业主）指定的隐含需要的质量要求，这就是比较完整地表达了工程设计的质量概念。

　　在工程设计范围内，其产品的质量要求可以由适用性、安全性、可靠性、经济性、可实施性、时间性和环境等方面的特性，来表达满足用户（业主）明确或隐含需要能力的特性及特性的总和。因此，工程设计单位对其产品进行质量控制，必须保证其质量体系的有效运行。工程设计质量控制的关键是对影响设计成品质量的技术、管理和人员等因素进行控制。这是在考虑风险、成本和利润的基础上使质量最佳化，以及对质量加以控制的重要管理手段。质量管理是一项系统工程，在确定质量保证措施时，除充分注意符合合同要求的范围外，还要重点考虑以下几个因素，即设计过程的复杂性、设计成熟程度、制造复杂性、产品或服务特性，以及产品或服务的安全性和经济性等因素。

8.2　设计单位质量体系简述

　　工程设计质量体系包含着与设计成品或服务质量有关的全部过程活动，即从最初的识别到最后满足要求和用户期望的全部阶段，包括设计市场调研、合同评审、设计准备、设计和设计评审、文件印刷和归档、外部评审、文件发送和施工服务以及回访和总结等。质量体系是通过过程来实施的，过程既存在于职能之中，又可跨越职能。

　　质量体系文件包括程序文件（质量体系程序）、质量手册、质量计划和质量记录四种主要类型。

　　程序文件、质量手册和质量记录属于必须具备的体系文件，质量计划只有在某项设计项目和设计合同确定需要制订质量计划时，才成为体系文件。对于一般的工程设计项目，可以不制订质量计划。程序文件、质量手册和质量计划是法规性文件，设计单位全体人员必须遵照执行；质量记录是见证性文件，它具有可追溯性，只有在质量争议或法律情况下才作为查核的证据。

　　（1）程序文件，又称书面程序，也称质量体系程序。定义是："为完成某项活动所规定的方法"。程序文件一般规定了某项质量活动的目的和范围，应做什么，由谁来做，何时、何地以及如何去做，应采用什么材料、设备和文件以及如何进行控制和记录，使每个过程、每一项质量活动尽可能得到恰当而连续的控制。程序文件是进行质量控制的依据，每个程序文件都应涉及质量体系的一个逻辑独立的部分。它描述了实施质量体系要素所涉及的各部门的活动，具有可操作性和检查性。

（2）质量手册是阐明一个单位的质量方针，并描述其质量体系的文件。一般应包含的主要内容有以下几个方面：

1）本单位的质量方针和质量目标；

2）管理、执行、验证或评审质量活动的人员的责任、权限以及他们之间的关系；

3）质量体系要素的描述和质量体系程序的引用；

4）质量手册的评审、批准、修改和控制的规定；

质量手册可分为质量管理手册和质量保证手册。质量管理手册是在单位内部使用的质量体系文件；质量保证手册主要是提供给用户，作为外部质量保证的文件。对工程设计单位来说，一般只制订质量管理手册，供内部使用，必要时也可提供给用户和第三方评审人员使用。

（3）质量计划是针对某项产品、项目或合同，规定专门的质量措施、资源和活动顺序的文件。对工程设计单位来说，质量计划（或称质量策划）是针对以下几种情况需要制订：

1）对新工艺、新设备或特殊要求的设计项目；

2）确定对于特定项目所需的新技术，本单位尚无成熟的经验可借鉴时；

3）确定的重点工程设计项目或作为创优设计的项目；

4）用户在设计合同中要求制订质量计划的项目。

质量策划通常应规定活动的时间顺序、工序控制要求、校对审核的层次、达到质量目标须采取的措施以及质量记录的要求等。设计单位应制订质量策划管理制度。具体工程设计质量计划按管理制度编制，并在设计过程中贯彻实施。

（4）质量记录是为已完成的活动或达到的结果，提供客观证据的文件。其目的是为证实可追溯性以及采取预防措施和纠正措施等提供依据。质量记录直接或间接地证明设计产品是否满足技术要求、法规要求、合同要求，同时也为质量体系运行的有效性提供了客观的证据。

各级设计人员要实事求是地反映实际情况，把控制质量活动过程中的情况记录下来。工程设计质量活动应保存一定量的质量记录，并妥善保存一段时间，一般至少保留到项目竣工投产时为止。这些质量记录，一方面可以证明本单位提供的产品达到了合同规定的质量要求，另一方面也证明了本单位质量体系运行的有效性。

工程设计单位的质量记录，至少应有下列内容：

1）合同评审记录；

2）工程设计项目调研报告；

3）开工报告和技术组织措施；

4）各级技术会议记录及纪要；

5）中间检查记录；

6）核对审核卡片；

7）设计成品质量评定表；

8）会审记录；

9）内部质量审核报告和管理评审报告；

10）外部评审记录及纪要；

11）设计质量剖析报告；

12）现场服务记录及质量信息反馈表；

13）工程回访记录及其处理结果报告；

14）工程设计总结。

设计单位除了编制上述四种质量体系文件以外，还应制订设计产品质量标准和评定方法、各专业技术规范规程及标准、工程设计开工报告、三级审核、施工服务等许多管理性文件和技术性文件以及作业程序文件的支持文件（也称程序文件的引用文件）。这些支持性文件，经常通称各种规章制度，应与系列标准要求一致，符合各设计单位实际情况。这些支持性文件和程序文件同等有效。

8.3　设计单位质量体系要素

工程设计单位按照系列标准建立和运行的质量体系，如果能认真地贯彻实施，一般来说应当是一个完善的、有效的质量体系，可以实现预期的目标。首先能够保证设计产品的质量，并能持续稳定地满足与建设单位的合同所规定的质量要求及潜在的质量要求，包括提供优质的设计产品和良好周到的服务。其次能够消除和预防质量问题的发生，一旦出现质量问题，也能及时发现，并予以迅速纠正；还能以良好的质量成本，生产出满足用户需要的设计产品。

根据《质量管理和质量体系要素——指南》（GB/T 19004.1—1994）所述，一个企业质量体系所包括的基本要素，既有管理性和技术性方面的要素，又有经济性方面的要素；对各基本要素既有较明确的要求，同时也给出了实现要求的措施和方法，供各企业选择使用。企业应当建立多少质量体系要素，要结合各单位的实际情况而定。

在《质量管理和质量体系要素——指南》标准中，提出工程设计的质量环，是由设计市场调研、合同评审、设计准备、设计和评审、文件印刷和归档、外部评审、后期服务以及回访与总结八个阶段的活动组成。

8.3.1　营销和市场调研

营销和市场调研主要工作是预测市场对产品的需求，准确确定市场的需要和产品的销售地区。通过用户对产品的信息反馈，以便于改进产品的设计，更好地满足市场和用户的需要，提高产品的市场竞争能力。这在产品质量环中有至关重要的作用。在工程设计行业实施细则中有关设计市场调研是这样阐述的：

（1）预测和确定设计市场对设计或服务的需求。

（2）预测和确定设计市场的需要，这些需要涉及可能建设项目的性质、建设地区的分布、要求达到的技术经济水平、用户（业主）及其意向、市场竞争态势以及建设周期或进度要求等。

这种设计市场的调查研究，对于设计单位的经营工作来说是必要的。为了扩大本单位设计市场的占有率，就应及时地从宏观上调查研究，通过各种渠道掌握可能建设的工程项目、建设地区及用户意向等信息，并且能根据用户的历史、现状和市场状况，及时向用户提供好的建设项目方案。不断与用户沟通信息，深入了解用户对设计或服务的需求，改进设计方案，这是其一；深入研究某企业的现状，以技术进步角度提高产品质量、市场供求发展趋势、产品结构调整等情况，向企业提供建设性意向方案，拓宽企业经营者的思路，用"投石问路"的方法进行市场的调查研究，这是其二；在获得设计市场的"需要"信息后，必须研究分析竞争对手的状况，采取相应的经营策略，扬长避短，积极进取，力争竞争中取胜，这是其三。只有这样深入细致又踏踏实实地对设计市场进行调查研究，才能使本单位能够承接更多的工程设计项目。

重视设计市场的调查研究，除上述几方面的作用以外，还应该有更深层次的意义即在设计市场调研中，必须从宏观到微观，再从微观研究宏观，将经营工作搞活，从宏观的计划研究具体的用户；再从同类项目用户的现状分析宏观发展趋势，把实施具体项目同了解、剖析国外同类项目在生产技术、操作水平、装备特点及存在问题等方面的调查研究结合起来，这样就可以从工艺、技术、设备等各方面作出改进，更好地满足市场和用户的需要，提高产品的市场竞争能力。这就是设计市场调研在产品质量环中的重要作用。

8.3.2 合同评审质量体系要素

工程设计单位应评审每一个拟签订的合同，在投标或接受合同之前，都应该在本单位内组织评审。

（1）合同评审的范围包括：设计单位和用户（业主）之间以任何方式传递的、双方同意的要求。如合同、标书或口头订单（应采取措施将口头要求形成文件）。

（2）合同评审的主要内容：

1）用户所提出的要求都已明确并形成文件，合同附件齐全、正确；

2）合同中如有与投标不一致的要求都已解决；

3）合同条款完善、合理、严密，用户所提供的基础资料正确、齐全；

4）本单位满足合同要求的技术能力，按期交付等能力已得到单位内部各有关方面的确认。

（3）合同评审方式：

1）召开评审会评审确认；

2）评审表会签；

3）不同级别人员审批；

4）一次评审或合同形成分阶段评审。

无论采用哪种合同评审方式，都应将评审结果的各项记录予以保存。设计单位应与用户（业主）建立有关合同事宜的联络渠道和接口，通过评审的合同稿经与用户协商后正式签订合同。

8.3.3　设计控制

工程设计单位建立和保持从设计策划开始，直到设计更改为止的设计全过程控制和验证的书面程序，以确保满足设计控制的全部要求，使工程设计质量满足用户（业主）的需要。

为确保满足设计控制的要求，必须形成的书面程序内容应包括以下几方面：

（1）设计策划。

（2）设计单位内部及其与外部各单位组织接口和技术接口规定。

（3）设计输入文件的编制、评审和下达。

（4）设计输出文件的内容、深度和格式。

（5）CAD软、硬件的控制要求。

（6）设计、校对、审校等各级人员资格要求及其职责。

（7）设计评审。

（8）设计验证方法。

（9）设计确认实施。

（10）设计更改。

上述程序文件的数量及每个程序文件所包含的内容，可结合本单位现行的管理经验确定。

8.3.3.1　设计策划

工程设计策划由总设计师（或项目经理，以下同）负责，并将策划的结果编制工程设计计划，经批准后由总设计师会同计划管理部门组织实施；专业补充计划由专业设计室负责组织实施。计划在实施过程中，因内外部原因需做修改、补充时，总设计师应及时会同计划管理部门提出修改、补充计划，经批准后实施。

工程设计单位应对每个设计和开发项目编制项目设计计划，比较复杂和大型的项目设计计划可分阶段、分项编制。专业的设计计划必需满足项目计划和协作关系等要求。

编制工程项目设计计划至少应阐明以下方面：

（1）项目组人员及职责。

（2）总进度安排以及各专业协作进度安排，并明确基础设计条件、设计质量、进度等控制手段、标识等。

（3）设计工作所需CAD装备及其他设施等。

（4）设计输入文件下达时间。

（5）设计评审时机和评审方式。

（6）设计验证、确认的方式及时间。

总设计师及计划管理部门应定期检查设计计划的实施情况，并随设计的进展，对计划做必要的调整和补充。

8.3.3.2　组织和技术接口

工程设计单位在工程设计全过程中与外部组织和本单位内部各部门之间必然存在组织接口及技术接口，分别称为外部接口和内部接口。设计单位应对设计过程中的接口关系作出书面规定。

在工程设计过程中，这些接口关系往往是影响设计产品质量和进度的重要因素。因此必须严肃认真地抓好这个质量管理点，处理好接口关系。

A 外部接口规定

设计单位承担工程项目设计或分包设计时，在签订设计合同与合同实施过程中，计划管理部门和总设计师建立外部接口关系，至少涉及以下方面：

（1）设计分工范围及责任。

（2）相互传递的信息和进度形成文件。

（3）相互传递文件、函件的确认形成文件。

（4）必要的联络安排及必要的会议文件。

外部接口必须形成书面文件，并由双方责任人签署，项目总设计师负责实施，当出现超越接口文件的情况，应及时通报研究，经双方协商形成修改、补充的接口文件后，方能实施。

B 内部接口规定

工程设计单位为确保设计产品质量，内部接口必需形成书面文件，并经提出专业的设计人、专业负责人及专业室负责人签字，同时接受专业、验证签认。重大技术接口问题可先研究协商再形成书面文件。

总设计师对内部接口负责，并进行控制与协调，计划管理部门协助配合和监督。

内部接口文件是设计产品审核、会审的必需文件之一，要按规定作工程档案归档保存。

内部接口规定至少涉及以下方面：

（1）各专业设计分工范围及责任。

（2）各专业协作技术条件要求。

（3）各专业互提资料配合进度及会签/总校（评审）要求。

（4）过程中把必要的传递信息形成文件并保存。

8.3.3.3 设计输入

设计输入是设计工作的基础和依据，每个项目的各阶段设计均应规定设计输入要求，并形成文件。设计输入文件的各项内容均应考虑合同评审的结果。有关设计输入要求的文件应由相应管理层次的负责人审批，提出审批意见并签署，对不完善、含糊或矛盾的要求应同输入文件的编制人会商解决。

设计输入要求文件通常包含以下内容：

（1）设计依据包括用户的设计任务委托书、设计合同、设计基础资料以及上阶段设计文件、有关上级批件指示等。

（2）根据用户在合同中的要求确定的设计文件质量特性，如适用性（功能特性）、可靠性、可维修性、维修保障性、安全性、经济性、可实施性（施工、安装可实施要求）以及美学等功能。

（3）本项目适用的社会要求。

（4）本项目特殊的专业技术要求。

（5）本项目遵循的设计规范、规程、统一技术条件、规定及标准等。

（6）同类型项目设计、施工、安装、生产方面的反馈信息。

设计输入要求文件应按规定与设计产品统一归档保存。

工程设计项目往往是由多专业设计人员集体完成的。在设计过程中，必须对设计过程实行动态控制，以确保设计工作按规定的方法、程序在受控状态下进行，实施有效的质量管理。

由于设计过程各环节（工序）是直接影响设计质量的重要阶段，根据 TQC 全面质量管理经验，应采取预防为主、防检结合的方针，牢固树立在每一项目的各阶段设计中，实施三个环节（事先指导、中间检查和成品校审）管理措施和五个管理点（技术规定、开工报告、高阶段设计的方案优化、设计条件提返及会审会签）的控制方法，以保证项目的总体及各专业设计的具体阶段都处于受控状态。在各级管理部门及各级专业设计人员的职责中，要特别强调重视采取预防措施，避免出现不合格品和产品缺陷。对于工程项目的重要管理者——总设计师，必须齐抓五个管理点的具体要求，并有效实施。

8.3.3.4　设计输出

工程设计单位一般为设计文件、说明书、图表、图纸形式设计输出。设计单位应对各阶段的设计输出文件，规定通用的内容、深度和格式，以满足设计输出的要求。应包括：符合设计合同和有关法规的要求；能够对照设计输入要求进行验证和确认；满足设计文件的可追溯性要求。

设计输出除了应满足设计输入的要求外，还应包含或引用验收准则（规范），标出与建设工程安全和正常运作关系重大的设计特性。

设计单位内部各专业的设计输出文件在提交项目总设计师前，均应校审（评审），校审应予以记录。

设计输出文件在交付用户（业主）之前应予以审核（评审），必要的工程计算书应形成文件，应与校、审（评审）一并保存。

8.3.3.5　设计评审与验证

设计评审是设计验证必须采用的方式。在高阶段设计文件输出后，有时建设单位要求对输出文件进行结合，双方就输出文件对质量特性要求满足性进行充分讨论，其实质是对输出文件的预评审。每一个设计项目按照设计计划规定的时机（适当的阶段、适当的时间），对设计结果进行正式的评审。

A　设计评审的目的

按照系列标准，设计评审的目的是评价设计输入要求与设计结果满足质量要求的能力。识别问题，若有问题提出解决办法。

B　设计评审的作用

设计评审是运用"预防为主、防检结合"的原则，及时发现和纠正潜在的设计成品中的缺陷，使下阶段工作有较好的基础，以达到质量动态控制的目的。设计评审仅仅是对设计成品质量提高的一个重要补充和监督。一般设计评审是在各设计阶段告一段落后进行。

设计评审分内部评审和外部评审。内部评审是设计产品出院前，在设计单位内部组织的评审。外部评审是设计产品提交用户后，由用户组织或上级主管机关组织的评审。外部评审的类型比较多，如专家组评估、银行评估、设计预审及设计审查等。外部评审在质量环中列为单独的阶段，因此这里谈的设计评审，只指内部设计评审。

C 设计评审的要求

（1）参加人员除设计责任人外，还应包括与被评审设计阶段的质量有关职能部门中具备资格的人，需要时也应包括其他专家。

（2）应制订各设计阶段的设计评审程序。

（3）评审应有书面记录和评审结论，应由设计评审主持人签署认可，由相应的责任人组织实施。

（4）设计评审的记录、实施情况检查、验证签认等按规定归档保存。

D 设计评审的主要内容

设计评审是评价设计满足质量要求的能力，所以评审主要应包括适用性、可靠性、工艺性、可计量性、性能特性、可维修性、安全性、环境状况、时间期限、使用寿命周期以及成本和效益等方面。因此评审应针对以下方面内容：

（1）生产规模、品种、车间组成、工艺流程、技术装备、主要设备选型、性能指标及投资效益等各种技术经济指标。

（2）采用新工艺、新设备、新材料及利用新开发的成果。

（3）工程项目关键计算、控制功能。

（4）与设计输入要求满足的程度。

（5）内外部接口关系。

设计验证是设计成品发出前的一项质量保证活动。通常采用变换方法进行验算，类似工程的生产状态进行比较。必要时，可进行试验证实。设计验证应做好记录，并将记录、结论、评审、签认等按规定归档保存。

8.3.3.6 设计确认

设计确认是通过外部评审来实现的，是工程设计质量环节中一个阶段的活动。设计确认以确保设计输出文件符合规定的使用者的要求，一般由建设工程的用户（业主）、政府主管部门及各业务主管部门或施工单位组织，以及应邀请的第三方参加，采用会议方式进行。

通常的设计确认活动有：

（1）设计前期工作输出文件，如初步可行性研究报告、可行性研究报告、规划、环境影响报告等的评估和审查活动。

（2）重大技术方案设计的评审活动。

（3）初步设计预评审活动。

（4）初步设计、技术设计的评审活动。

（5）施工图设计中施工前图纸的会审活动。

工程设计单位应委派能胜任该项工作的有关人员参加设计确认活动，负责设计阶段介绍以及对有关问题进行解释和答辩。

设计确认活动的记录和结论意见应按规定归档保存，并按设计确认的结论意见进行设计修改、补充。修改、补充的设计文件、图纸均按规定标识归档保存。

8.3.3.7 设计更改

工程设计单位对已正式发布的所有设计文件的更改和修改实施控制，以确保设计更改工作的严肃性和质量保证性。

所有的设计更改和修改都应由授权人员确定，并按质量管理和质量保证程序运行，形成正式设计文件发出。运行过程按规定做好记录、保存。更改和修改的设计文件、图纸以及更改通知单等按规定归档。

施工现场的紧急设计更改和修改，若不涉及重大原则性的更改，由现场工作负责人授权专业人员进行确定、更改，并指定具有审核资格的人员审核，现场工作负责人签发。重大更改必须经设计单位研究确定后实施。更改的设计文件应按规定标识，使之具有可追溯性。

8.3.4 施工服务和回访总结

工程设计单位对建设过程中的施工服务以及投产以后的回访总结是质量管理和质量体系要素中的重要组成部分。设计工作的后期服务是设计文件（图纸）实施建设的重要阶段。由于现场的种种因素，有可能使设计质量变异，因此施工服务是设计全过程中的重要环节，是进一步完善设计、保证工程质量的阶段。设计单位要合理安排人力，提高服务质量，认真做好图纸会审和技术交底工作，及时处理施工中发生的有关问题，参加竣工验收、试车投产工作，并要适时地做好工程的回访总结，做好交付使用工程的完善修改工作。

学习思考题

8-1 名词解释：工程设计质量的概念，质量记录，设计输入，设计输出，设计验证，设计更改，质量手册。

8-2 为什么实施 ISO 9000 族标准是市场经济发展的需要？

8-3 质量手册包含的主要内容是什么？

8-4 对哪些设计项目需要制定质量计划？

8-5 怎样搞好质量记录？

8-6 工程设计质量环的构成是什么？

8-7 工程设计单位对一个拟签订的合同怎样进行评审？

8-8 为使工程设计质量满足用户需要，工程设计单位怎样做好设计控制？

9 竣工验收

建设工程项目的竣工验收是基本建设程序的最后一个阶段，是检验设计、施工、设备与生产准备工作的质量，对建设成果进行总检查。国家规定，每一个新建、扩建、改建或迁建项目，按照批准的设计文件所规定的内容基本建完，都能满足投产初期需要，应及时组织验收并交付生产和使用。

9.1 竣工预验收工作

9.1.1 竣工预验收的概念

竣工预验收是指在建设单位正式竣工验收前，由项目监理机构组织的对工程项目施工质量验收的活动。这是对施工承包单位产品质量的检验，同时也是对监理工作对施工质量控制成果的检验。

项目监理机构对工程项目的功能、专业性能、规模、安全性、外观、环保及消防设施等在竣工验收之前进行预验收，全面检查工程项目的施工质量是否符合我国现行法律、法规要求，是否符合我国现行工程建设标准、设计文件要求和施工合同要求。发现问题要求施工承包单位在竣工验收之前整改到位，并经项目监理机构验收认可。

9.1.2 竣工预验收会议内容与程序

竣工预验收会议由项目监理机构组织，总监理工程师主持，工程项目各参建单位参加。

（1）各专业监理工程师应认真核对汇报材料与实际情况的一致性，检查预验收资料的完整性。

（2）听取施工承包单位（含分包单位）的施工质量验收汇报。

（3）现场勘踏、检测、核对等。由于在预验收之前已进行了单位、分部和分项工程的验收，因此这里重点检查成品的保护情况。

（4）各专业监理工程师发表意见，根据事前核实各单位、分部和分项工程验收记录等信息，分别介绍本专业预验收情况，指出是否存在问题，可否进入正式的竣工验收。

（5）建设单位代表提出意见。

（6）总监理工程师进行施工质量预验收总结，如各项质量达到规定标准（合格）时，表明预验收可以通过，提交工程项目质量评估报告。如存在问题，提出整改要求，施工承包整改到位后需经项目监理机构验收人认可，并提交工程项目质量评估报告。

（7）形成会议纪要，各方代表签字。

项目监理机构对工程项目质量验收应符合有关规定要求，且验收合格；验收的质量控制资料应完整无缺，包括完整的技术档案和施工管理资料；验收的单位工程所含分部工程有关安全和功能的检测资料应完整无缺；对主要功能项目的抽查结果应符合相关专业质量验收规范的规定；对观感质量的验收应符合规范的要求；提交工程项目质量评估报告之前，工程项目预验收提出存在的问题应全部整改到位，并经相关专业监理工程师验收确认。

9.2 竣工验收工作

9.2.1 竣工验收的依据

竣工验收的依据主要包括：可行性研究报告；施工图设计及设计变更洽商记录；技术设备说明书；国家现行的施工验收规范；主管部门（公司）有关审批、修改、调整文件；工程承包合同；建筑安装工程统计规定及上级主管部门有关工程竣工的规定；对于引进技术或进口成套设备的项目，还应按照签订的合同以及国外提供的设计文件等资料进行验收。

9.2.2 竣工验收工作的步骤和组织

竣工验收一般可分为两个步骤进行：

（1）单项（或单位）工程验收。即工程交工验收，是指施工单位按单项工程向建设单位交工。单项工程验收的目的是考核建筑安装工程的数量和质量，检查其是否完全符合设计内容和验收标准。

（2）全部验收。凡是整个建设项目已符合竣工验收标准时，应及时进行全部验收，其目的是考核竣工项目能否生产出设计规定的合格产品或合格的代表产品。

竣工验收应当组织专门的机构全面负责，加强对竣工验收工作的组织领导。这个专门机构的主要职责有以下几方面：

（1）确定交工验收分工及人员，制定交工验收工作细则及有关安全的责任制度。

（2）确定统一的验收标准，制定交工验收计划，并组织实施。

（3）审批各种交工技术资料。

（4）审批试车规程和试车计划，检查试车准备工作。

（5）审批负责联动试车方案，编制试生产方案报告。

（6）根据试车结果，鉴定工程质量，确定需要返工补修的工程及完成期限。

（7）处理交工验收过程中出现的有关问题，解决争议。

（8）签证验收证书。

（9）提出交工验收工作总结报告。

竣工验收专门机构应设置必要的、精干的办事部门，可成立基干小组，如办公室、技术组、交工组、验收组等。其中，办公室由建设、施工、设计单位有关人员组成，负责主持交工验收机构的日常工作；技术组由建设、施工、设计单位有关人员以及聘请专家组成，主要工作是解决技术问题，裁决有关技术上的争议和鉴定工程质量；交工组由施工单位代表组成，主要任务是提交完整的交工验收技术资料，负责组织单体试车、无负荷联动试车以及协助建设单位进行负荷联动试车，同时负责解答和处理有关问题；验收组由建设单位代表组成，主要任务是审查各种技术资料，检查竣工项目，参加单体试车和无负荷联动试车；负责组织负荷联动试车；鉴定工程质量等，并编制试生产方案报告及签证交工验收证书。

9.2.3 单项工程验收的工作程序

单项工程的交工验收一般分为三个工作程序，即技术竣工（单体试车）、无负荷联动试车、负荷联动试车。

9.2.3.1 技术竣工（单体试车）

施工单位按设计要求，施工完成全部工程，并按规定将工程环境内外清理好后称为工程竣工。

建筑工程竣工后，可根据施工图的施工技术验收规定的要求，进行技术检查，检查合格即为技术竣工合格。

设备安装工程，除按规定进行技术检查外，还应按照试车规程，进行单体无负荷试车，试车合格后，即为技术竣工合格。静置容器、工业管道应进行试验和试压。高压设备、动力锅炉及其他防爆工程，按施工技术验收规范检查合格后，即可办理交工验收。

单体试车的指挥、操作、警卫及全部建筑安装工程的保管，均由施工单位负责，建设单位派人参加。

在技术竣工（单体试车）检查过程中，如发现施工质量低劣或设备操作事故，施工单位必须在无负荷联动试车前处理完毕。

9.2.3.2 无负荷联动试车

无负荷联动试车，即在单体试车合格后，根据设计要求和试车规程，对每条生产线的全部设备进行联合运转，达到规定时间，并待发现的问题全部解决和清理完毕，即为无负荷联动试车合格。

无负荷联动试车的目的，是检查每条生产线或联动设备的相互配合和工艺流程以及工业建筑在设备联合运转情况下是否符合设计要求，连锁装置是否灵敏可靠，信号装置是否准确无误，从而进一步考核设备安装和土建工程的施工质量是否符合验收标准。

无负荷联动试车工作全部由施工单位负责，建设单位应积极配合。试车合格后，施工单位和建设单位应即办理工程与技术资料交接手续。

9.2.3.3 负荷联动试车

负荷联动试车，即在无负荷联动试车合格后，继续进行联合运转，并按试车规程规定，向联动机组投料，在规定时间内，设备运转正常，合乎设计要求，即为负荷联动试车合格。

负荷联动试车的目的是在投料情况下，检验主要设备的性能、生产能力和考核竣工工程的施工质量，是否符合设计规定和验收标准，为生产出设计规定的合格产品或合格的代表产品创造条件。

负荷联动试车工作全部由建设单位负责，施工单位派人协助。

9.2.4 全部验收的工作程序

全部验收分为两个工作程序，即试生产和竣工验收。

（1）试生产。单项工程交工验收工作结束后，即可开始试生产。试生产的主要内容有：进一步考查和鉴定主要设备的生产能力，确定各种有关生产的规程、制度、定额；提高工人、技术管理人员的操作和管理水平，以及经营管理、生产组织和指挥能力；同时收集和系统整理试生产过程的各种资料，为正式投产做准备。

（2）竣工验收。竣工验收中要正确鉴定设计、设备、工程质量，必须细致审查各项文件和资料，广泛听取各方面的意见，深入现场，一丝不苟地做好各项测试和检验工作。

9.3   引进成套设备项目的竣工验收工作

从国外引进的成套设备项目一般自动化程度高，其生产工艺及技术装备都有一定的先进水平，绝大部分为国内所没有或尚不能制造的。

引进成套设备项目的合同，一般对设备的生产能力和产品质量、成套设备的范围和技术说明、设备制造和检验设备的规范和标准、工程设计的范围和标准、设计安装试车和交接验收的检验条件与方法、设备的保证责任和保证指标以及罚款和赔偿等事项都作了明确的规定。因此竣工验收应以与外商签订的合同以及国外提供的设计文件等资料为依据。

引进项目的验收重点是考核成套设备的性能和功能。经功能试验和考核试车，分别达到合同规定的保证责任和保证指标后，即为合格，并进行验收。

9.3.1   设备安装

设备安装包括设备装配、安装和调整，当安装完后，经建设、设计、施工单位和外商在现场的代表共同检查确认，符合外商提供的设计技术资料所规定的要求时，即为安装完成，并协商设备进行单体试车和无负荷联动试车的日期及详细工作程序。

9.3.2   试运转

试运转的期限，根据设备的不同要求，在合同中分别规定。在试运转期限内，如设备试运转的结果符合设计规定的要求，即认为试运转完成，共同签署试运转完成证书，并商定投料试车（即负荷联动试车）的详细工作程序。

试运转是在设备安装完成后进行单机试车和无负荷联动试车，其结果符合设计规定，即认为合格。

有些国家将安装和试运转合并，统称为安装。当单机和无负荷试车合格时，签署安装完成证书。

9.3.3   投料试车

投料试车即为负荷联动试车，包括功能试验和考核试验。但有些国家将负荷试车和试生产合并，统称为投料试车。

投料试车的期限，在合同中有明确规定，按合同规定执行。

（1）功能试验。功能试验是为了验证机械、电气设备和控制系统的全部性能是否符合合同规定，要按各条生产线和工艺需要的联合机组或独立机组进行功能试验。

当每个机组在功能试验所规定的时间内连续运转，达到合同规定的全部机械技术性能的保证项目和保证指标时，即认为功能试验完成。

（2）考核试验。考核试验是为了验证引进成套设备的生产能力和产品质量，能否达到合同规定的保证指标。

考核试验是在全部引进设备负荷运转条件下，对各条生产线分几部分分别测定各种数据。当每条生产线在考核试验所规定的时间内连续运转，达到合同规定的生产能力和产品质量的保证指标时，即认为考核试验完成。

学习思考题

9－1　名词解释：竣工预验收，工程竣工，技术竣工，无负荷联动试车，负荷联动试车，功能试验，考核试验。

9－2　阐述竣工预验收会议的内容与程序。

9－3　阐述竣工验收的依据。

9－4　工程竣工验收的步骤及工作程序是什么？

9－5　工程竣工验收由什么部门执行，该部门的主要职责是什么？

9－6　为什么要进行无负荷联动试车和负荷联动试车？

9－7　怎样做好成套引进设备项目的竣工验收？

9－8　工程竣工验收时会有哪些遗留问题，该如何处理？

10 引进技术概述

我国与外商之间进行技术转让是通过对外贸易进行的。对外贸易是由出口贸易和进口贸易两部分组成，引进工作主要是指进口贸易部分。贸易有商品贸易和技术贸易两个方面。商品贸易一般是指有形物质的买卖，通常形象地称为"硬件"。技术贸易一般是指生产技术和管理知识的买卖，通常称为"软件"。

在工业发达国家之间，技术贸易的主要内容是软件买卖，而在发达国家与发展中国家之间的交易中往往有软件，又有硬件。我国现在技术进口多数也是既有软件，又有硬件，统称"成套设备"引进。

所谓引进技术主要是指在技术贸易中，买方向卖方买进技术（输出技术一方称卖方，引进技术一方称买方)，包括购买的专有技术，如产品设计和制造图纸、生产工艺、检验方法、材料配方、技术诀窍等；也包括为了应用引进技术派人到卖方的企业去学习培训，以及请卖方专家到买方企业进行技术指导等。因此，确切地说引进技术的含义主要是指从国外引进"软件"的工作。认为进口设备就是引进技术，严格说是不严谨的。

引进先进技术和先进设备是一项十分复杂、涉及面很广、政策性很强的工作。为了做好引进工作，应注意以下几个方面：

（1）必须从国情出发，有选择地引进。凡是引进技术，国内能制造的，不要买设备。

（2）凡国内可以配套的，就只买主体设备或关键设备，不要成套引进。

（3）凡引进成套设备，尽量采用设备分交或合作生产。

（4）引进技术要符合国家的技术经济政策和能源政策。

（5）引进工艺设备时要重视环境保护措施，当国内无法保证时，应同时引进环保技术。

在引进的同时，也要注意人才的培养。通过引进项目，培养技术人才、管理人才、商业人才和法律人才。

10.1 引进技术的形式

为了适应买卖双方的各自需要，产生了国际技术转让的各种形式。目前国际上引进技术通行的形式简述如下：

（1）咨询服务。业主聘请咨询公司解答一些技术专题或提供技术上、经济上、管理上的分析论证和实施方案，称为咨询服务。咨询公司仅以提供其知识技能为业主服务，服务范围广泛，小的可以搞单项专题的调查研究或技术方案，大的可以搞整个项目，如项目的可行性研究、基本设计、详细设计、审核承包商的设计、办理招标以及推荐项目分包商、监督工程进度、质量和成本等服务。

（2）许可证交易。许可证交易是引进技术工作中最主要的高级引进形式，其内容包括专利技术、技术诀窍和商标三个方面。

许可证交易，售证人是出售他有专利权的技术的使用权。购买人买的是许可证，买到的是这种技术的使用权。技术诀窍、商标所有人出售的也是使用权。

国际上有许多种许可证交易，除上述三种以外，还有产品制造权、销售权、出租权等。这些权利一般均规定有地区和时间的限制，而且许可证交易不能任意转让或转卖。

许可证交易按享有权利不同可分为独占许可证、排他许可证和普通许可证三种。

（3）工程承包。承包商在承包范围内按合同规定的一切保证承担全部责任，合同双方是买卖关系。

（4）技贸结合。技贸结合是指引进技术和进口设备的工作结合在一起，即把商品贸易和许可证协议两者结合在一起谈判，签订合同（同时引进软、硬件）。以引进设备为砝码，结合引进制造技术，以减少技术引进费用。

（5）合作生产。合作生产是双方在生产上（或还加上销售）联合行动，但各自经营、分别核算。合同双方是合作的伙伴关系，它不同于一般买卖关系，因为国外企业在合作生产中对我方技术上的问题是负有责任的。

（6）技贸结合、合作生产是指将买技术、买设备、合作生产几种贸易捆在一起，以引进技术为主要目的，同时结合进口设备，合作生产的一种引进方式。这种方式有利于充分利用我国现有制造能力，节省外汇，缩短掌握引进技术的时间。

（7）补偿贸易。补偿贸易就是买方通过卖方的协助安排，利用卖方国家出口信贷以进口技术、设备、材料、技术劳务等。不是用货币补偿，而是待合同工厂投产后用生产的产品或别的协议产品作价偿付全数或部分债务。

（8）合资经营是指本国企业和外国企业双方合作共同投资合办一项事业，这是当前国际上常见的一种经济活动形式。

合营方式有两种：一种是契约式合营，由外商以机器设备、专利技术和诀窍、工业经验以及提供培训等技术劳务、现金入股，本国则以土木建筑、辅助车间、动力车间、土地、现金等入股；另一种是有股权的合营，即外商的投资以购买股票的形式参加一定比例的资本。

合资经营的主要特点：共同投资、共同管理、共负盈亏。企业的资产按投资比例由双方共同拥有，以取得最大利润为目的。

10.2　进口成套设备的一般方法

引进技术和设备涉及政治、法律、经济、技术等各方面，与国家的生产、基本建设、外贸、财政、信贷等计划有密切的关联，这是一项复杂的工作，必须按照引进工作的特点，进行科学组织管理，按程序办事做好工作，达到最大效益。

进口成套设备（软、硬件），首先要按照引进项目有关规定的程序办理。具体引进时，要仔细研究、选择方法。这里介绍几种通常考虑的方法以供参考。

10.2.1　询价方法

成套设备项目常常包括购买许可证和技术诀窍、设备器材、工程设计以及施工和试车的技术指导等内容。在满足技术要求、进度要求、投资要求的前提下，采取集中询购或分项询购都是可以的。

询购方法的一个选择是公开招标。公开招标和个别谈判两种方法各有利弊，都可以采用。

10.2.2 合同的作价方法

引进技术和成套设备都可采用下列几种作价方法：

（1）固定价格。买卖双方在签订合同时，把项目价格定死。在经济比较稳定时双方一般都愿意采用固定价格做交易。经济不稳定时，增加风险性。

（2）滑动价格。滑动价，即签约时定出一个价格基数，然后根据从签约到交货期间的物价工资变化情况，按合同规定的计算公式，决定交货时应付的价格。

（3）开口价格。买卖双方在签订合同时，不把合同的价格固定下来。卖方根据合同规定的义务，将完成工程项目的过程中以所用去的实际费用向买方结算，买方向卖方另外支付一笔佣金，因此买方承担的合同风险比较大。

（4）保证最高价。保证最高价是开口价格的一种形式，即买方与卖方之间在签订合同时，规定卖方索取的价格不能超过合同规定的最高价格。如果实际支付超过了合同规定的最高价格，则超出部分由卖方承担。如果实际支付未超过最高价，剩余部分由买方与卖方分享，分享的比例一般在签合同时双方协商确定。

（5）目标价格。目标价格也是开口价的一种形式。买卖双方确定一个合同估算价格为目标价。超过目标的金额或低于目标的金额均按签订合同时双方协商确定的办法处理。

10.2.3 采购设备器材的方法

常用的方法有以下三种：

（1）买方自己采购，可避免中间盘剥，但工作量大，需要买方承担各部分设备器材之间复杂的技术衔接工作。

（2）承包商以固定价转售。承包商在各家供应商报价基础上加上估计的开支、风险、意外费用及利润，定出一个固定价把设备转手出售，其各种技术保证由承包商负责。

（3）承包商以开口价代购，这种做法在西方比较普遍。承包商负责技术衔接、技术保证，经买方同意进行每项采购。当然这种做法买方仍有许多事务工作。

10.2.4 成套引进同时购买备品备件

引进成套设备的合同工厂，要维持正常生产，关键是及时解决备品备件问题。为此建议可以用以下方法保证其供应：

（1）在设备成套引进时，同时购买一年至两年用量的备品备件。

（2）安排国内生产。

（3）由企业直接向外商订购备品备件以保证正常生产。

备品备件面广量大，常常在这个问题上双方发生纠葛，为此要认真做好此项工作。

学习思考题

10-1　名词解释：商品贸易，技术贸易，引进技术，技贸结合，补偿贸易，滑动价格，开口价格，目标价格，保证最高价。

10-2　如何理解引进技术与设备进口之间的区别与联系？

10-3　对引进技术和先进设备，应做好哪几方面的工作？

10-4　目前引进技术有哪几种形式？

10-5　对进口成套设备怎样进行询价？

10-6　合同的作价方法有哪些？

10-7　对成套设备应怎样采购？

11 涉外工程设计

涉外工程设计是指我国承担的国外工程建设项目（包括我国投资建设在国外的项目）的工程设计或我国承担的国外投资、中外合资并按照国际惯例在国内的工程建设项目设计。

20 世纪 70 年代以前，我国涉外工程项目设计主要是援外工程设计，例如阿尔巴尼亚的爱尔巴桑钢铁联合企业镍钴提纯厂、鲁比克铜厂，罗马尼亚的半导体厂，越南古定铬矿工程设计等。当时的援外工程设计是在计划经济条件下，立足我国的工艺技术水平，按照我国的标准规范，利用我国的技术装备和材料进行的工程设计。

现在的涉外工程项目设计已经远远超出了当年的援外工程项目设计范围，特别是随着我国市场经济的发展和世界经济一体化的进程，我国加入世界贸易组织（WTO）后，涉外工程项目设计与当年的援外工程项目设计有很大的区别。在世界贸易组织（WTO）多边协议的法律文件中，包括货物贸易、服务贸易和知识产权三个协定。其中，服务贸易和知识产权协定直接涵盖了工程设计。加入世界贸易组织（WTO）后，各成员国之间即可享受最惠国待遇和国民待遇，亦即获得了成员国的工程项目设计市场准入证。这样，每一个成员国的工程项目设计单位就可以进入世界贸易组织（WTO）其他成员国的工程设计市场，这就为我国的工程设计单位在世界工程设计市场中的运营提供了更多的机会，获得涉外工程设计项目将会更多，涉外工程设计也将显得更为重要。

另外，我国的工程咨询设计单位进入国际市场后也必须要求将自己所承担的工程咨询设计及其管理与国际市场完全接轨，即今后的涉外工程项目设计必须按照国际惯例进行。同样，我国国内市场，也将允许其他l家的工程咨询设计单位进入，竞争将会更加激烈，给国内工程咨询设计单位造成更大的压力，也给工程设计的管理提出了更高的要求。

11.1 涉外工程设计的基本程序与主要工作

11.1.1 工程建设的基本程序

无论是国内工程建设、涉外工程建设，还是国外工程建设，其基本程序没有原则上的区别，大体上都可分为三个时期，即投资前期、投资实施期（工程实施期）和生产运营期，每个时期又可以分为若干个阶段，见表 11-1。国内项目、涉外项目和国外项目在各个时期和各个阶段的内容及做法不尽相同。

表 11-1 工程建设基本程序

时　期	阶　段
投资前期	投资机会研究
	初步可行性研究
	技术经济可行性研究
	投资决策（评价报告）

时　　期	阶　　段
投资实施（工程实施）期	工程设计 招标投标并签订合同 工程施工建设 培训（与工程建设同时进行）
生产运营期	试生产 生产运营 投资后评价

11.1.2　工程咨询设计单位的主要工作

11.1.2.1　工程咨询设计单位在工程建设中的作用

由于工程咨询设计单位和工程建设公司的组织关系和组织形式不同，两者在工程建设中的分工和作用也就不完全一样，主要有两种情况：一是作为工程建设总承包公司的一部分，承担工程咨询设计工作；二是作为独立的工程咨询设计单位，受投资者委托，负责工程咨询设计工作。

国际工程项目的建设，一般都由具有设计、采购和建设（EPC）总承包能力的工程公司承担，其工程咨询和设计由该总承包公司的设计部负责，工程建设由该总承包公司的施工部负责，工程的监理由投资者委托监理公司进行。也有些项目采取另一种方式，即工程咨询与设计由专门的工程咨询设计公司承担，工程项目的施工建设由另外的工程建设公司负责，工程的监理由监理公司或负责工程设计的工程咨询设计公司承担。

我国目前正在组建具有设计、采购和施工能力，可以承包国内外工程建设项目的大型工程公司，一些有条件的设计研究院正在向以设计为龙头的国际工程公司方向发展。有些行业组建的这种公司已经打入国际工程建设市场，他们承担的涉外工程设计，其做法基本上已符合国际惯例。因此，在承担涉外工程建设项目时有两种情况：一是受投资者（业主）的委托，作为投资者的工程咨询设计单位负责投资前期研究、工程设计，有时还受投资者委托负责工程监理；二是受工程建设公司的委托，作为该工程建设公司的工程咨询设计单位，在工程建设总承包中分包工程咨询设计工作。现在有色金属行业的工程咨询设计单位主要是以第二种方式承担涉外工程咨询设计工作。

11.1.2.2　工程咨询设计单位在工程建设各阶段的主要工作

投资者单独委托工程咨询设计单位负责工程咨询设计时，该单位一般负责完成投资前期的投资机会研究、初步可行性研究、技术经济可行性研究，使投资者获得筹资建设某个项目的基本结论，并协助投资者完成工程招标的各项工作；有时还负责工程的基本设计，投资者用该基本设计文件作为招标依据并由咨询设计单位编写招标文件。若工程建设公司不负责工程设计时，该工程咨询设计单位还要完成工程的基本设计和详细设计，有时还承担工程监理工作。

作为工程建设总承包公司的一部分，分包工程咨询设计的，工程咨询设计单位一般主要协助总承包公司完成投标工作。若总承包包括工程设计，则该单位还负责完成工程的基本设计和详细设计并配合施工，做好施工服务。

工程咨询设计单位在各个建设阶段的主要具体工作内容如下：

（1）投资前期的主要工作。

1）投资机会研究。通过调查研究，选择投资的方向，查明项目建设的必要性和可能性，给投资者或政府部门提供投资的机会分析，提出粗略的项目建议书。

2）初步可行性研究。通过全面的调查研究，从总体上、宏观上对投资项目建设的必要性、建设条件的可行性以及经济的合理性进行初步的分析和论证，起到宏观上对项目进行鉴别的作用，并初步向投资者或政府推荐项目。

3）技术经济可行性研究。通过对拟建项目进行全面的技术经济论证，给投资者或政府提供项目建设的决策依据。

（2）投资实施（工程实施）时期的主要工作。

1）工程设计。负责基本设计和详细设计，必要时，还需增加概念设计（或工艺设计、方案设计）。

2）招标投标并签订合同。投资者委托的工程咨询设计单位要协助编写招标文件和参与招标工作，协助选择工程分包公司及设备分包公司并签订合同；工程建设总承包公司中的工程咨询设计部要协助工程建设总承包公司完成投标工作并签订合同。

3）工程施工建设。进行工程监理及设备监制工作、现场施工服务和设备采购咨询服务工作，必要时参加人员培训工作。

（3）生产运营时期的主要工作。指导试生产、处理试生产中出现的设计技术问题，参加生产考核验收及投资后评价工作。

上述各个阶段的工作是平行或交叉进行的。

11.2　涉外工程设计的组织和管理

11.2.1　组织机构

国外工程咨询设计的组织和管理一般都采用项目经理或总设计师负责制，中国的工程咨询设计单位还没有普遍采用，只在涉外工程设计管理上采用了这一制度。项目经理或总设计师负责制是以工程项目为中心，以咨询设计单位内部的专业所为基础，由项目经理或总设计师负责，实行工程的设计质量、设计进度和费用承包机制。工程公司典型的组织机构如图 11-1 所示。项目经理或总设计师制的组织机构可以根据项目的具体情况适当简化。实行工程设计项目经理或总设计师负责制的典型设计工作矩阵式管理系统如图 11-2 所示。

项目经理或总设计师是项目的领导者和组织者，对整个项目负有全部责任。对工程建设总承包的工程公司，项目经理或总设计师的职责是对该公司总经理负责，其工作内容涵盖设计人力资源、设计组织、设备采购、现场工作、对外谈判及联络以及项目资金应用等诸方面；对工程咨询设计公司，项目经理或总设计师的职责是对该公司的总经理负责，其工作内容同样涵盖了以上各个方面。

工程项目经理或总设计师部的工作从承接项目开始，直至项目竣工投产，并经验收交

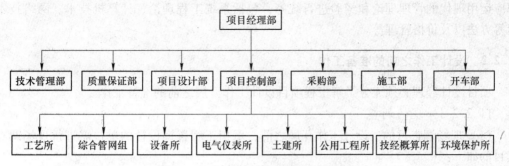

图 11-1　工程公司典型的组织机构

图 11-2　典型设计工作矩阵式管理系统

付生产运营，完成合同规定的全部条款。

项目设计经理组织实施各阶段设计，主要抓好工艺及专业负责人和设计工程师的工作，对项目技术及质量负责；项目控制经理相当于总经济师，对项目实施"限额设计"和投资控制，在工程总承包中，项目控制经理还需进行施工成本的控制；项目采购经理在工程总承包中，负责组织工程的设备设计和选型、国内外设备供应、监制、发运和设备管理及售后服务。对于分包设计的咨询设计部，项目采购经理工作相对简单，主要是配合工程建设公司和设备分包公司做好上述工作。中小型项目有时由项目设计经理兼任，项目施工经理主要负责现场施工组织和施工工作。对于只分包设计的咨询设计部，现场工作主要是基建施工服务、指导生产准备、试生产、竣工投产、技术考核及人员培训，这些工作可由项目设计经理兼任。

由于各项目的情况不同，组织机构需根据项目性质和特点编制。项目经理或总设计师部应运用现代的管理理论和经验进行统筹，包括系统工程理论、计算机技术、网络技术、运筹方法以及价格管理等。

11.2.2　设计工作之前的准备工作

项目设计经理必须充分了解工程项目设计工作开展之前的准备工作。

11.2.2.1　现场调查

（1）现场调查目的。设计工作开展之前，承担工程咨询设计的单位需进行现场调查，其目的如下：

1）进行现场踏勘，充分了解现场地形、地貌、建设条件、自然条件；

2）收集与核定设计原始资料，如地形图、地质勘探报告、选矿试验报告等；

3）核定合同项目的界区内外接口条件；

4）核实基建及生产所需的地方原料、燃料及辅助材料的供给情况和对其的质量要求；

5）收集技术经济资料，如材料、产品的市场及价格等；

6）了解所在国的政治、经济、法律及人文社会情况；

7）根据工程项目的特点收集需要的其他特殊资料等。

（2）现场调查前的准备工作。

1）由项目设计经理组建包括各专业负责人和专家参加的现场调查组。对于大型复杂的工程项目，应由工程咨询设计单位的主管领导带队赴现场调查。

2）由项目设计经理负责组织编制完整的调查提纲。提纲由各专业负责人在投资前期研究工作的基础上提出，由项目设计经理汇总、修改并完善。

3）围绕工程项目的投资情况，组织人员深入了解国内类似企业现状、工艺及技术水平、设备制造情况及技术经济指标等。

（3）现场调查报告的内容。应包括：区域地形、地貌、地震、防洪、气温、降水量、湿度、日照、风向与风频、水土保持、人文古迹等自然条件情况；地质勘探、资源储量及原料、燃料、辅助材料情况；水源、电源、交通运输、供热、供气等基础设施情况；地区环境现状、社会经济条件以及政治、经济、法律、风土民俗等国情调查；招标人或标书的特殊要求等。

由于现场调查报告是衡量是否完成现场调查任务的尺度，所以内容要求具体、详细。

（4）现场调查的形式：

1）调查组收集资料，提交投资者确认；

2）向投资者直接索取资料，这些资料的清单应在签订合同之前，根据合同要求提交给投资者（它是合同的附件之一）；

3）调查组在收集资料的基础上经过分析、归纳，形成指导设计的原始资料，并由投资者签字或盖章认可；

4）召开承包公司和投资者的双方协商会议，以会议纪要形式明确如下问题：限期由投资者提供的资料；双方共同确定并由投资者承担责任的作为设计依据的资料；界区接口的技术条件等；

5）其他能满足设计工作要求的形式。

对于发展中国家刚开发或正待开发的项目，投资者往往不能充分准备好设计所需的资料，为不影响整体建设进度和避免未来工程项目建设中的纠纷，现场调查既要认真、谨慎、细致，又要根据实际情况有一定的灵活性，具体做法可采用如上所述的多种形式进行。

在有些公开招标的项目中，招标人委托的咨询设计单位已经做了很细致的工作，许多内容已经做过调查并有招标人认可的现成的部分资料。这样，工程咨询设计单位的现场调查工作就可以简单一些。

另外，项目设计经理必须根据现场调查结果，组织编写调查报告，汇编成册归档，并纳入基本设计的原始资料篇中（对于篇幅较大的地形图、地质图也需汇编成册）。

11.2.2.2 协调合同项目的界区内外关系

大型的涉外工程，不仅有投资者和总承包公司，往往还有多个分承包公司。因此，协调各公司项目界区内外的关系十分重要。由于这项工作涉及经济、技术合同关系及各种因素，因此，往往需要多次会议磋商才能达成协议。作为项目设计经理，需要注意：总承包公司、分包公司所属合同界区内的项目及性质；各界区间在设计、施工、生产中的联系与利害关系；界区各坐标点；界区间连接方式、连接时间、接口条件；界区间的责任与义务；界区间的资料和设计条件的周转时间及方式等。

11.2.2.3 设计队伍的组织及人员配备

（1）咨询设计单位应根据项目的具体情况选配项目经理或总设计师，建立项目经理或总设计师部。项目经理或总设计师部必须有相应的资质，有较全面和较高的技术水平，有涉外工程报价、管理和从事涉外工程工作的经验，有较强的组织能力和经济意识，应具有相应的政治素质和协力同心的工作精神。必要时，项目经理或总设计师部应设立联络员协助项目经理或总设计师工作，联络员应有较强的工作能力，有较高的外语水平并熟悉所在国的情况。另外，根据项目的性质，由项目设计经理负责，选配有关专业的工程师担任专业负责人、主要设计者和审核人员。特别是专业负责人，应是技术水平、外语水平和独立工作能力很强的复合型人才，才能适应设计技术工作以及对外交流和现场工作的需要；

（2）建立工程项目质量支撑体系。咨询设计单位应委派项目设计主管总工程师对项目总体的技术质量决策负责，委派专业总工程师对本专业的技术质量决策负责，共同把好设计方案关，以保证方案质量。在有专业所的咨询设计单位中，要明确主管该项目的专业所长和所总工程师对本专业的设计质量职责，确保专业的设计质量。

11.2.2.4 编制统一的设计标准和规定

项目设计经理需根据所在国的情况及项目的特点、咨询设计合同的规定以及投资者与承包公司的要求，组织编制统一的设计标准和规定，以便使所有设计文件与国际惯例一致，确保所有输出文件的一致性，获得投资者和各方施工人员的认可。其主要内容应包括以下几方面：

（1）工程项目设计的统一规定。包括基本设计说明书的内容及深度的要求，基本设计和详细设计的图纸规格及图标，输出文件的图例及符号，共同使用的原始资料及数据，设备订货的技术说明等。

（2）技术标准及规范的统一规定。包括采用国际或国家标准的统一规定，采用的具体标准规范的规定，统一采用的型材规格、计量单位、制图标准等。采用中国标准时，需明确具体标准名称和标准号。这一工作相当重要，如统一使用了型材规格，就可保证设计中的材料型号、规格不会五花八门，订货、运输等都会十分方便。向第三国提供材料更是如此。

（3）通用技术要求的统一规定。如防腐、保温、设备涂装、管道分级和涂色设计等。

（4）专业名词、术语及译文的统一规定。

（5）其他。如所在国的有关法令、法规，包括环保、防火、劳保以及设计中必须考虑的民风民俗等，应在统一规定中明确，使各部门、各专业遵守。

在编制统一的设计标准和规定时，由于多数发展中国家自己没有完整的标准规范，而国际上较为通用的标准又很多，因此，必须有具体明确的规定，以使承包公司、监理公司和咨询设计单位等在同一技术文件的指导下工作。

11.2.3 工程项目的设计文件及基本要求

11.2.3.1 基本设计

（1）基本设计的内容及深度。基本设计是涉外工程项目设计中最为重要的一个环节，其内容深度要求高，与我国三段设计中的技术设计深度基本相同。目前，虽然涉外工程项目基本设计的内容及深度尚未有明确的统一规定，但必须满足项目投资控制、工程招标、材料、设备订货和施工准备的要求。因此，基本设计的文件要求达到：建设条件充分、落实；建设方案经过充分优化，方案先进可靠；设备选型及设备数量恰当；总体布置及配置合理；工艺及设备计算正确、详细；投资概算准确；技术经济指标先进合理等。

基本设计文件必须齐全、完整，内容应含正文、附表、附图、附件。编制基本设计文件应注意以下几点：

1）正文中必须有原始资料篇，内容涵盖现场调查、会议和各阶段收集、确认的原始数据，以及气象资料、界区坐标、辅助材料的供应、环保资料、技术谈判纪要、来往函件和对设计有约束性的文件等；

2）设备表是设备总承包和设备订货的依据，必须详细；

3）选、冶及加工厂的附图除总平面图、流程图和配置图外，还要增加主要设备机组安装图、PID 图、综合管网布置图、工艺及辅助管道图。综合管网及管道图往往在基本设计阶段及之前的设计中易被忽视，但它在一定程度上影响总体布置的合理性、施工网络计划和投资控制。因此，在基本设计中应给予应有的重视。

基本设计文件应能指导详细设计，其大部分图纸将是详细设计的一次条件，对合同要求、经济效益和时间而言都不允许在详细设计中做重大修改。

（2）基本设计的设备表及材料表。涉外工程项目基本设计设备表及材料表的内容与国内工程项目设计相同。设备项目按项目子项分别填写，设备表中的设备名称、设备编号要与基本设计图纸一致，而且从设计开始到订货、发运、安装、试车直至竣工投产都不能变化。设备编号一般为子项号＋专业号＋序号。另外，设备表内要注明设备的制造厂家或供图制造的图号，要注明是否是从第三国引进的设备。

（3）设备订货技术说明书。涉外工程项目的设备订货可由咨询设计单位承担，也可由专门的设备公司分包，按我国目前情况，往往采用后一种方式。不论采用什么方式，工程咨询设计单位在基本设计阶段均要编写设备订货技术说明书。说明书要统一格式，统一应填写的内容。

说明书内容应包括订货范围、技术性能、重量、标准、材质要求、颜色、包装及运输要求、供图及供货时间、供货地点、备品备件数量、零部件等特殊要求及使用环境等。说明书首页要注明工程项目代号、设备名称、设备编号等，并要与设计文件完全一致。

设备订货技术说明书应根据设备类型在设计过程中分期分批提供。一般可将设备分为A、B、C三类：

A类设备——包括制造周期长的大型设备、转口引进设备、供图制造的大型设备等。这类设备的订货技术说明书一般在基本设计初期提交。其中，供图制造的部分设备尚未完成设计时，也应先提交设备清单、设备外形和重量；

B类设备——指通用机电设备，其订货技术说明书应在基本设计中期提出；

C类设备——指小型机电设备，如有执行控制机构的阀门、小型风机、无电动机传动的设备等。订货技术说明书在基本设计完成时一并提出。

（4）基本设计文件的翻译。涉外工程项目基本设计文件采用中、外两种文本。文本中的中、外文的名词、术语必须准确且统一。对基本设计的图纸要求与详细设计相同。

11.2.3.2 详细设计

涉外工程项目详细设计的内容和深度与国内工程项目的施工图设计相同，但必须遵从该工程项目统一的设计标准和规定，并应注意下列事项：

（1）详细设计的每张图纸均采用中、外文两种文字，按规定方式书写，便于中、外人员识图和施工。

（2）所有图纸中的术语、设备名称、图例、符号、计量单位等应符合国际惯例并统一，且应与基本设计保持一致。

（3）图纸规格要加以限制，尽量用A1规格的图纸。

（4）图标除咨询设计单位的总图标、相关图标、汇签图标外，还应有投资者图标，以便于投资者对重要图纸进行确认。

在组织详细设计时，应有参加该项目基本设计的工程师参加，以保持设计工作的连续性。

11.2.4 涉外工程项目设计管理

11.2.4.1 投资控制

投资控制是涉外工程项目能否成功并获得预期效益的关键，它贯穿于咨询设计工作的全过程（包括投资前期准备工作），直至项目建设完成。项目设计经理必须高度重视投资控制，其工作要点如下：

（1）做好投标报价。在投标报价时，技术方案既要技术先进，还需要经济合理，符合所在国的国情。提出方案后，要反复核算，做到工程量准确、工料分析详细、优化措施得力、报价调整和决策稳妥。

（2）实施限额设计。项目控制经理要抓好限额设计工作。在可行性研究中，要抓设计方案的优化；在基本设计中，还应科学地、实事求是地对设计各子项、各环节进行多方案的技术经济比较，特别要注意抓好总体方案、设计标准、工艺配置、设备选型、厂房布置以及材料使用等各个方面，将基本设计的工程总量和投资总额控制在合同范围内；在详细设计中，要严格按基本设计确定的工程量和投资额进行设计。

为此，应实现工程概算对设计的事先指导作用，一般可采取投资分块包干的办法，如采场、选厂、冶炼厂等，各块设计及每个专业的设计都不能突破包干的投资限额。具体运作时，可采取一次条件交概算核准并及时反馈给各有关专业的做法。超过投资包干限额的设计方案要重新调整。因技术问题必须增加投资时，需全工程综合平衡，并控制在限额之内。

供图制造的设备应根据经验、类比法等限定设备的重量，使设备投资控制在规定的指标范围内。此外，在基建施工时，要做好施工成本的控制。

11.2.4.2 进度控制

设计进度直接影响工程项目建设进度和效益，做好设计进度控制是项目设计经理的主要工作之一。一般地，涉外工程项目设计周期比较短，计划性比较强，设计进度在工程项目建设网络计划中占有重要位置。因此，必须按工程项目建设网络计划进度的要求完成设计工作，这是工程顺利进行的保证。

在项目开展设计的初期，经常会遇到设计资料如投资者提供的资料、国外技术合作资料、供图制造设备资料等不齐全。在这种情况下，可采取"动态设计"方式提前工作，争取时间。这种设计方式往往要求咨询设计单位根据经验拟定设计条件，先行设计，待设计资料完整后，对按拟定设计条件完成的设计文件进行详细校核并修改、补充和完善。动态设计反映并适应了项目建设中设计与施工相互配合、相互补充的客观需要，但它要求承担涉外工程项目设计的咨询设计单位必须有很强的技术实力和丰富的工程项目设计经验，才能在保证设计进度的情况下高质量地完成设计工作。否则，采用所谓"动态设计"会弄巧成拙，不但不能争取时间，反而会带来大量的返工，拖延设计进度。

供图制造的设备设计周期较长，是影响工程项目设计进度的关键环节。因此，应提前开展这类设备的设计工作，提前的时间以不影响工艺设计的进度为原则。

向施工单位提交图纸，一般应分期分批地进行以满足现场实际需要。在安排设计进度时，应根据施工要求，首先提交急需的图纸，如基建剥离图、平基图、深基开挖图等。

11.2.4.3 质量控制

涉外工程项目设计的质量是设计的生命线，直接关系着工程项目的社会效益和经济效益，是项目设计经理的重点工作。为了保证设计的质量必须使设计在受控状态下进行，为此，应按 ISO 9000 系列标准建立质量保证体系。如果承担涉外工程项目设计的单位已通过 ISO 9000 系列标准的认证，其设计就应按已建立的质量保证体系的规定，使该质量体系有效运行。

另外，在涉外工程项目设计过程中，设计质量的控制要特别注意下述工作：

（1）必须自始至终抓好质量教育，使每个设计人员都树立高度的质量意识。

（2）做好设计策划并认真执行，必要时，要编制质量策划书并贯彻落实。

（3）通过现场调查，应获取足够、准确的原始资料。

（4）抓好设计方案的评审、验证工作，除进行多方案比较，优化设计方案外，还必须进行有关科学试验的验证，如岩石力学试验、选矿补充试验、设备试运转和材质试验等。在涉外工程项目设计中，要积极采用国内先进成熟的技术，国内暂时不成熟的技术可根据实际从第三国引进。与此同时，要考虑所在国的国情等各种因素。不能为降低投资将国内落后的技术、装备提供给国外，也不能片面追求技术先进，脱离实际。另外，设计应与生产相结合，将实践经验纳入设计中。为此，咨询设计单位与生产承包公司共同探讨设计指标、考核指标等尤为必要，这样，才能保证各项指标既先进又稳妥。还要与设备使用单位结合，反馈设备使用信息。

（5）抓好标准化管理。收集并消化合同规定的设计标准、规程和规范，编制必要的统一规定并贯彻执行。

（6）抓好重点工序质量管理与设计人员的自检和互检工作。自检和互检工作要对照"统一规定"进行。

（7）配备和提供良好的设计装备与计算机软硬件环境，如应配有先进的计算机、计算机网络协同设计系统、必要的数据库、应用软件（如矿山设计时，应有建立矿山模型和采矿设计优化的软件）等。

11.2.4.4 供图制造设备的设计

在涉外工程项目设计中，应采用国内外先进、可靠的设备。当国内外无标准设备或国内虽有标准设备但需改进或国外同类设备的技术水平一般，但价格很高，而承担工程项目设计的咨询设计单位有能力进行这类设备的设计以及需要对专长设备、大型设备配备配套设备时，可采用供图制造的方式，以解决这类设备的供应。在合同签约前，项目设计经理应安排工艺专业提出供图制造设备的设计条件，使设备设计专业提前开展设计工作；在合同签约后，工程项目基本设计开工前，设备设计专业向工艺专业提返设备条件图，最好是提交设备详细设计总图。另外需注意，由于在合同签约前，工程项目报价已完成并经投资者审查，因此，供图制造设备的设计应在限制其重量、外形尺寸及设计进度的情况下进行。

供图制造设备的设计也需制定统一的标准规定，内容包括文件格式、译文、计量单位、图例、符号、材料型号、设备颜色、采用标准等。其图纸可在国内绘制，但应满足在分交国制造的要求。

11.2.4.5 工程项目设计档案管理

对涉外工程项目的设计应建立完善的设计档案管理制度，项目经理或总设计师部应有专人负责管理。所有参加涉外工程项目设计工作的人员应树立高度的档案意识。项目经理或总设计师应按照咨询设计单位已建立的质量体系文件的规定将档案工作纳入各专业的岗位职责，以保证设计档案齐全、完整、准确、系统，并及时向咨询设计单位的科技档案部门归档。

档案应分类进行管理，分类办法遵照咨询设计单位科技档案部门的规定执行。一般常见分类办法如下：

（1）合同类。包括总承包合同、分承包合同、技术合作合同、设备采购合同、委托书、其他合同和协议等。

（2）文件类。包括国家、投资者、承包公司、咨询设计单位等有关项目的各类文件、批件、纪要、函件、传真、电话记录、工作报告等。

（3）原始资料类。包括投资前期的文件、资料，收集的各种原始资料、调查报告、试验报告、咨询报告以及规划书等。

（4）工程项目管理类。包括进度、质量、投资控制的各种文件，如统一设计标准的规定、统一管理的规定、质量策划书、生产准备文件、竣工验收文件等。

（5）设计文件类。包括方案设计、基本设计、详细设计、设计修改、设计变更、设计总结、竣工图以及从第三国引进的技术设计文件等。

（6）其他资料类。包括工程施工、设备制造、安装等有关的文件和资料。

需要强调的是，在所在国现场形成的资料应通过网络传回国内咨询设计单位本部或分阶段带回国内本部并在科技档案部门归档。

11.3　涉外工程项目的现场工作

11.3.1　现场咨询设计部及其工作内容

在基建工程开始时，承担工程咨询设计的单位应在所在国项目建设现场设立咨询设计部。由项目设计经理或咨询设计单位委派的负责人负责现场咨询设计部的全面工作。

现场咨询设计部的队伍由项目设计经理组织熟悉本项目全过程并参与了本项目专业设计的技术水平高、有现场工作经验、外语熟练的工程技术人员参加。现场咨询设计人员的专业组成在基本设计阶段应予以初步安排，基本设计完成以后、详细设计阶段中期以前，应对现场咨询设计人员作出具体的派遣计划，按施工网络计划进度和实际施工进度分期分批派赴现场。另外，现场咨询设计部的人员应保持相对稳定。

根据涉外工程项目的性质和合同要求，咨询设计部在现场的工作任务各有不同，不能一概而论。大型而复杂的工程项目，现场咨询设计部的工作内容大致如下：

（1）施工服务。包括现场设计交底，解决施工、安装、试调工作中发现的设计、设备等方面的技术问题，处理现场材料代用及设计变更问题，检查施工质量等。

（2）成本控制。现场咨询设计部受工程建设总承包公司的委托，协助总承包公司对施工成本进行控制。

（3）对外联络。代表工程建设总承包公司对外处理和解答一切有关工程项目的设计和技术问题。

（4）人员培训。受工程建设总承包公司的委托，代表其对所在国的工程技术人员和工人进行培训。

（5）设备监制。在国内或工程项目所在国的设备制造厂负责供图制造设备的监制。

（6）竣工验收。参与由投资者组织的竣工验收工作并代表工程项目建设总承包公司处理有关设计和技术问题。

（7）生产准备。协助工程项目建设总承包公司处理生产准备工作中的技术问题。

（8）参加试车投产及性能考核工作。

（9）编制竣工图。

11.3.2　主要的技术管理项目

主要技术管理项目有：

（1）设计变更及设计联络。凡由于设计问题引发的设计变更应发设计变更通知书；凡应工程项目建设总承包公司、投资者和施工单位的要求以及非设计原因引起的设计变更，经审查同意后应发设计联络单。通常，由于现场离国内咨询设计单位本部遥远，技术资料也不够完备，审核环节相对简化。因此，设计变更方案需要周密慎重考虑，不能顾此失彼。为便于设计变更文件的归档和查询，要因地制宜地制定设计变更程序并遵照执行。现场有计算机网络的，可利用网络完成这一工作。

（2）详细设计图纸的发图。工程项目详细设计的图纸量大，由咨询设计单位国内本部将图纸带往现场发图一般是不经济的，也不易补漏和修改，可将详细设计图纸的底图运送现场；有条件时，将整编后的电子文件、图纸直接通过电子邮件发往现场，由现场配备的绘图机和晒图机印晒详细设计图纸，满足施工的需要。

（3）竣工图。项目建成后，咨询设计部应系统地整理技术资料，并绘制竣工图，在竣工验收时交付投资者，这项工作一般由项目设计经理在现场组织人员完成。当合同规定提供二底图时，二底图的工作也应在现场完成。竣工图应根据设计变更通知书和设计联络单修改，一般在原图上圈定修改部分，表示修改内容，并签署修改日期和修改者姓名，加盖竣工图章；无须修改的图纸，也要加盖竣工图章。

（4）现场资料、图纸管理。现场一般应配备项目设计资料文件一份，以备随时查阅。现场资料应有专人负责收集、分类保管和及时归档。

11.3.3 现场施工的成本控制

在涉外工程项目建设中，成本控制贯穿施工过程的始终。在项目合同价确定之后，降低成本就是总承包公司提高经济效益的重要因素。

成本控制中，首先要进行成本预测工作，在此基础上编制成本计划并确定合同计划成本的降低额和实施方案，而后分块包干进行成本分析、控制和考核。咨询设计单位往往受总承包公司委托，由项目设计经理根据委托合同和工程进度，分期分批派遣概预算工程师赴现场完成上述工作或部分工作。

概预算工程师首先要做好施工图预算的编制工作，并提交总承包公司审批。总承包公司将以此为依据对分包公司进行工程结算。结算的主要内容是受量、价影响较大的开口部分，如工程量、材料单价等，应使建筑安装费控制在分块包干的范围内。为控制成本，需采取以下一系列的费用控制措施：

（1）要求施工单位按月报形象进度和实物工程量，检查项目进度情况，考核完成工程量所用的人工、材料指标等。

（2）严格控制设计变更，重大设计变更需经经济分析，核实变更内容是否在总工程量及总造价的范围之内。

（3）严格审核施工建设单位编制的施工图预算中的工程量。

（4）严格控制劳务费和材料消耗。劳务费一般占直接费用的30%～40%，需控制向现场派遣人员的数量和利用当地劳务；材料耗用直接影响成本效益，必须按定额消耗。

（5）采纳在施工建设中提出的各项合理化建议，发现问题及时采取对策。

11.3.4 设备监制

供图制造的设备，其制造厂家由设备承包公司对外招标确定。招标工作根据设备情况在国内或国外进行，因此，设备制造和监制分国内或国外两类。

项目设计经理应根据设备制造进度和合同的要求，安排设备监制工程师到制造厂进行监制。国外监制可分两次进行，第一次为设计交底，第二次在设备开始投料制造时，咨询设计单位派专家赴国外进行联络和监制；国内监制可分三次进行，第一次为设计交底，第二次在设备制造中期，第三次在设备试运转期间（包括对设备的验收）。

对供图制造的设备需要编制"供图制造设备检验大纲"，以指导现场工作。大纲内容包括原材料、焊接技术、铸件技术、锻造技术、机械加工、热处理技术、装配技术、配件质量、驱动和控制技术、涂装、试运转以及其他特殊的检验要求等。

大纲要提出具体检验项目、检验依据的标准、检验方法及质量等级。现场工程师必须对每个检查项目逐一进行工序中间检查，确认合格后，方可进行下一道工序的加工，并要填写检验记录，双方确认。

设备制造完毕，对中间检查记录确认后，进行整体检验和试运行，签发设备制造合格证。

11.3.5   生产准备

对于大型的总承包工程项目，进入生产运营期前就应着手生产准备工作，保证项目竣工后顺利投产。

项目设计经理要组织有关人员，协助总承包公司及生产承包公司编制好生产准备大纲。生产准备文件一般由担负生产的公司编写，内容包括生产运营期的时间、人员组织、物料计划、运输及行储方式、所需工具的准备以及人员培训工作。项目设计经理要负责组织有关设计人员在项目组织生产时进行设计交底，并对生产准备文件的内容进行审查、复核计算，必要时，参加人员培训等。

11.3.6   竣工验收及性能考核

竣工验收是工程项目全面完成承包工作的标志。竣工验收由投资者组织，在总承包公司、咨询设计单位、施工和设备分包公司在场的情况下进行。为做好验收工作，在正式验收前，项目设计经理要组织有关专业工程师参与下述工作：

（1）检查工程质量情况，是否按图施工，有无漏项。

（2）对设备进行无负荷联动试车和性能考核，检查各项技术性能指标是否达到设计要求。

（3）参加负荷试车，并对合同项目进行技术考核。

性能考核时，要参与审核投资者提出的性能考核计划，并对考核的时间、内容、指标、取样方式、测点位置等提出建设性意见。

竣工验收前的各个阶段，发现问题及时处理。验收工作可分批进行，如采矿、选矿、冶炼分别验收。建成一个，验收一个，有利于项目验收和避免资金积压。

11.4   涉外工程项目的设计联络与协调

在涉外工程项目中，咨询设计单位与各有关单位的联络十分重要。不仅要与投资者、承包公司进行设计联络，而且也要与分包公司和外商进行设计联络。项目设计经理负责对各方的设计联络工作，其联络方式有电话、电传、网络、会议、函件等。

11.4.1　与投资者的联络

项目设计经理在工程项目建设全过程中往往代表总承包公司向投资者解答各种技术问题，处理一切设计事务。

在项目前期准备阶段，代表总承包公司向投资者提出原始资料清单和交付资料日期，签署并确认作为设计原始资料的文件，草拟与投资者合同谈判和致函中的设计问题，与投资者商讨界区的接口条件并形成文件，代表或参与总承包公司与投资者的技术谈判并形成谈判文件。

在基本设计中，投资者按合同要求派代表到中方进行设计联络时，项目设计经理组织有关人员代表总承包公司进行设计交底，严格按合同要求处理和解答对方的质疑并建立设计联络会议纪要。投资者代表需要在设计审查纪要和基本设计主要附图上签字确认。

对于项目性能考核，需要和生产分包公司一道与投资者研讨考核中的技术问题，形成双方认可的考核办法。

所有与投资者的联络均应以相应的致函方式或形成会议纪要文件。对设计方案中的重大问题，如环境污染、生产安全以及对投资者的要求等，必须事先在致函中阐明我方的态度和对解决分歧的意见。在工程实施过程中出现问题时，及时以致函的方式指出问题的重要性和可能出现的严重后果，发出索赔信号，以利于后续工作的开展。

11.4.2　与总承包公司的联络

根据我国咨询设计单位的现状，承担涉外工程项目设计的咨询设计单位与总承包公司是契约关系，有各自明确的职责、权利和义务。另外，设计质量、进度、投资是总承包公司社会效益和经济效益的基础，所以咨询设计单位与总承包公司又是合作的伙伴关系。咨询设计单位既要遵守国际惯例的契约关系，保证设计质量，重视自己的信誉，使投资者和承包公司满意，又要保证自己公正合理的权益，搞好各方面的合作关系。

咨询设计单位与总承包公司的联络是经常性的，包括总承包公司组织的技术会议、对外技术洽谈、进度编制、设计审查、生产准备、成本管理、性能考核以及对其中出现的重要问题的处理等各方面工作。项目经理或总设计师均要代表咨询设计单位组织人员参加，而且都必须以文件形式与总承包公司联络、报告。总承包公司也必须以文件的形式明确回答各问题，并将各有关上级文件、批件以及有关的信息、资料及时转送咨询设计单位。

凡总承包公司和其他分包公司提出的合理化建议内容涉及工程量、设计标准或遇有超概预算等重大变动和重大技术问题时，项目设计经理必须组织有关专业人员认真分析、实事求是、坚持原则，提出意见并建立备忘档案。

11.4.3　与设备分包公司的联络

设备分包公司负责成套设备的订货、监制、出厂验收、包装、发运、办理海关各项手续以及与投资者间的设备交接手续。设计工作开展之前，项目设计经理应负责向设备分包公司索取设备资料清单，提出索要资料的时间和资料内容，以保证设计进度，并适时地向设备分包公司提交设备订货清单、设备订货技术条件、供图制造设备清单、国外采购设备清单以及设备检验大纲等。当咨询设计单位与设备分包公司有分歧意见时，应相互协商解决。当咨询设计单位增加合同范围外的设备或者设备分包公司要求减少设备或降低设备等级时，项目设计经理要慎重对待，报总承包公司批准并进行必要的协调工作。

11.4.4 与施工分包公司的联络

与施工分包公司主要以设计变更通知单和设计联络单的形式在施工现场联络。

11.4.5 与生产分包公司的联络

在设计开始时，总承包公司就应选择项目的生产分包公司，并由该公司承担项目的试车、投产工作。

设计初期，项目设计经理就必须组织有关专业工程师与生产分包公司进行多次设计方案结合并确定主要的设计指标，尽量吸取生产实践的经验，减少投产时的故障。设计方案结合的结果要列入"设计与生产结合会议纪要"。

基本设计完成时，总承包公司要组织设计审查，仔细听取生产分包公司的意见，并将取得一致的意见纳入到设计中；有分歧的意见应列入"设计审查纪要"。

生产准备与性能考核阶段，咨询设计单位应配合生产分包公司为项目顺利投产共同努力。

11.4.6 与转口技术（设备）外商的联络

涉外工程项目要引进第三国某项技术或设备时，要选择资信好、技术力量强的优秀的国外公司，并通过来往函件索要资料，了解该技术和设备的性能、价格。

在合同中对转口技术或设备的技术问题已有原则规定，在设备制造（只引进技术）或施工之前，许多技术问题可通过设计联络解决。

与外商的设计联络必须有充分准备，遇有重大技术问题时，通过联络会议进行谈判，以会议纪要形式解决。该会议纪要是合同不可分割的重要部分。

对于技术、设备引进的设计联络可分多次进行，若仅引进小型、简单的设备时，可一次完成。

技术引进时，第一次设计联络的时间宜在外商提交设计方案之后在国内进行，其主要内容是双方核实技术范围，明确分工，要求外商提供的所有资料能满足基本设计的要求；第二次设计联络的时间应在基本设计完成之前在国外进行，目的是确定全部技术方案，要求外方的技术文件满足详细设计一次条件的要求；第三次设计联络的时间应在详细设计完成之前一个月左右进行，目的是审查和确认详细设计。若外方承担详细设计，中方人员赴国外进行联络工作；若中方承担设计，则外商派遣专家来华审查并确认详细设计。

设备引进时，第一次联络的时间宜在外商提供设备总图、主要附件及技术资料后在国内进行，双方核实供货范围、设备性能、主要技术要求、中外设备接口、安装尺寸及要求等，所有资料应能满足基本设计的要求；第二次设计联络的时间宜在外商提交满足配置及安装设计的设备图纸和中方在详细设计一次条件后在国外进行，双方互相审核设计和工艺图纸，以满足详细设计二次条件的各项要求。成套和大型的设备，需要在国外最终确认设备制造蓝图、技术性能和重要技术参数。

应注意的是，由外方提供图纸在国内制造后出口的设备，需要在设计联络时明确我方对加工与设备材质等方面的特殊要求，并形成联络文件。

学习思考题

11-1 在涉外工程中，工程建设的基本程序有哪些？

11-2 请详细叙述工程咨询设计单位的主要工作。

11-3 在设计工作实际开展之前，应该做好哪些准备工作？

11-4 简单介绍工程项目设计文件的内容。

11-5 为了做好涉外工程，在工程项目管理方面应做好哪些工作？

11-6 在基建工程时，现场咨询设计部及其工作内容有哪些？

11-7 在涉外工程建设中，为了做好成本控制，哪些方面必须做好？

11-8 在涉外工程建设中，咨询设计单位与各有关单位联络十分重要，应该和哪些方面联系？

12 信息技术与项目设计管理

随着科学技术的发展，作为 21 世纪科技发展的一门基本技术——信息技术（IT）已广泛地应用于各行各业。它标志着一种新的生产力的出现，并可能产生与之相适应的生产关系，从根本上改变了传统的思想方法、工作模式。特别是数字化网络通信技术、数据库技术及其相应的管理技术和多媒体技术的发展，为项目设计和管理工作提供了现代化的科学技术手段。

按照建设部《全国工程勘察设计行业 2000～2005 年计算机应用工程及信息化发展规划纲要》的要求，对全国工程勘察设计行业提出了三种信息化发展水平模式，即：国际接轨型——实现纲要提出的集成应用系统的全部功能，初步实现企业信息化，达到或接近国际水平；国内先进型——实现纲要提出的集成应用系统的主要功能，为企业信息化提供较好的基础，在行业内居先进水平；发展提高型——实现纲要提出的集成应用系统的基本框架及部分功能，为第二阶段实现应用系统集成提供较好的条件。

12.1　信息系统概述

12.1.1　信息与信息技术

信息技术（Information Technology）　通俗地讲是信息的表示、加工处理、传输、表现等方面的技术。随着计算机应用技术、卜算机通信技术，特别是计算机网络技术的普及与发展，使得信息技术达到了前所未有的高度，最显而易见的特征是信息从传统的纸张流变成了数字信号流。这种信息技术的物理表现，即输入的是资料（数据），经过处理输出的是信息系统。信息系统的大小、规模、内容等取决于所针对的对象和要解决问题的复杂程度。

一个信息系统主要含有：硬件系统、软件系统、管理方法和相关人员。

12.1.2　设计单位信息化

信息是设计单位不可缺少的资源，是设计单位计划决策的依据，是对生产过程进行有效控制的工具，是保证设计单位各个环节有序活动的组织手段。设计单位信息化就是根据设计单位的现状和生产经营发展目标，选择适当的管理模式，建立适当的计算机网络和较为完善的针对各种目标的管理信息系统集成，配之以严谨而规范的章程、规定、条例、手册等，实现设计单位信息的科学、流畅、经济、有条不紊地流动，以提高生产效率、产品质量和设计单位的竞争能力的目的。

（1）设计单位信息化的意义。

1）设计单位持续发展的坚实基础。信息技术在项目设计、管理、应用的广泛性及深度体现了设计单位技术的先进性和现代化程度以及设计单位的综合实力。因此，信息技术对设计单位的可持续发展起着极其重要的作用。

2）设计单位竞争的需要。加强信息技术的应用和投入，采用先进的管理方法，尽可能地使用现代化的工具、设备，就能快速、准确地决策，最大限度地减少决策的重大失误，同时能以较低的设计成本迅速地提高产品质量，从而获得较好的效益。

3）现代化管理与设计水平的体现和协同设计管理的需要。当前，在设计单位管理、项目管理及其设计过程控制中，充分利用和发挥单位内部的信息化技术能力，采用现有的与信息化程度相关的设备和计算机网络通信设备，是高速、科学、先进程度和现代化水平的缩影与体现，也是项目协同设计管理的基础。

4）设计单位项目设计资质条件之一。建设部在《全国工程勘察设计行业 2000～2005 年计算机应用工程及信息发展规划纲要》中指出：纲要提出的各项任务和要求，特别是系统集成技术应用的深度和广度、企业信息化的发展程度，将作为今后评定资质等级的重要条件之一。

（2）管理方法与技术。现代化的管理方法和内容相当丰富，如全面质量管理（TQC）、质量控制的统计法（SQC）、网络计划技术、重点分析法（ABC 分析法）以及赢得值原理等。

1）赢得值原理。目前，国外工程公司在工程项目管理中常采用赢得值原理。赢得值原理可用三条曲线来表示，即计划工作量的预算值曲线（计划值曲线）、已完成工作量的预算值曲线（赢得值曲线）和已完成工作量的实际费用消耗曲线（实耗值曲线）。

通过这三条曲线的对比，求出 CV（费用偏差）、SV（进度偏差）、CPI（费用执行效果指数）等参数，从而直观地综合反映项目费用和进度的进展情况。使管理人员能够及时采取有效措施纠正项目实施过程中可能发生的偏离，以按照预定的进度、费用和质量目标完成项目。

使用赢得值原理进行项目管理时，应对工程项目的工作任务进行严密地组织，一般采用工作分解结构与组织分解结构的矩阵式管理模式。

2）网络计划技术。网络计划技术是设计行业信息管理系统的一个重要的组成部分，是国家重点推行的现代化管理方法之一。其核心 CPM 和 PERT 法（计划评价及复审技术）在 20 世纪 60 年代就引入我国，华罗庚教授以"统筹法"名义在全国进行了推广，取得了十分显著的效果。随着计算机应用技术，特别是企业管理信息系统（MIS）和数据库管理系统的高速发展，解决了原先存在的网络流程图难以绘制、参数计算复杂以及从一种优化参数的优先变到另一种优化参数优先时的困难与工作量、计算量大且重复等问题，使得时间缩短、资源利用充分、成本降低以及均衡优化容易且快速，项目经理或总设计师可极为方便和快速地获得项目的进展状况、效益情况以及项目的关键路径等。

在实际应用中，要注意选择适当的网络计划程序，对其最基本的要求有：

①输入要简单明了，提示清楚；

②能显示网络图，并能对一些特定路径着色显示，图形能放大、缩小浏览；

③查阅相关参数方便、容易；

④要素变更后，易于组织新的网络计划，网络分析运算快速；

⑤硬件系统要求宽松；

⑥符合网络计划技术相关标准，如《网络计划技术常用术语》（GB/T 13400.1—1992）、《网络计划技术网络图画法的一般规定》（GB/T 13400.2—1992）、《网络计划技术在项目计划管理中应用的一般程序》（GB/T 13400.3—1992）等。

（3）建立相应规模的计算机网络。建立一个高效的数据通信网络是企业信息化建设中首要解决的问题。很多企业目前存在不同的应用系统，新建或改造现有网络应选用主流技术并力争与现有平台融为一体，具有交换功能的快速以太网和ATM是当前企业主干网的发展方向。通常要求网络基础设施组建简单，使用、升级、扩充也简单，对维护人员的技术素质要求不要太高。

（4）管理信息系统（MIS）集成。要采用先进的项目管理模式并能平滑地达到相关要求，最有效的工具就是在企业内部建立相应的管理信息系统。通过这样的系统，科学地、强制性地、自始至终地对项目中的人员流动、项目进程、效益、质量以及人员的工作个性等均能完全掌握并加以控制。管理信息系统是企业的神经中枢，它管理和协调着整个企业的生产和经营活动，指挥和控制着各个部门和各类分（子）系统的正常运转。

一个较大的管理信息系统，对各具体的对象和数据流有很多功能相对独立的管理信息分系统，如针对产品生产管理过程的、分析计划的等等。这些分（子）系统间的数据流有相当大的部分需要互相交换，把它们有机地融合在一起，就是集成。

1）管理信息系统（MIS）的基本结构单元。

①信息源指输入数据源，如内信息源（销售数据、生产数据、人事数据等）、外信息源（金融数据、市场数据等）、一次信息源（企业内部的事件和活动）以及二次信息源（保存在各种数据库中的数据）等。

②信息接受器（或信息的接受者）。系统输出的信息有两个方向，一是存储介质；二是用户。

③信息的管理者。

2）管理信息系统的技术。由于IT技术的发展，出现了如面向对象、Client/Server数据仓库、ODBC、可视编程、WEB等技术。目前MIS软件的开发，在观念和体系结构上有很大突破；

计算机网络体系结构的发展从局域网的客户/服务器（Client/Server）模式演变为浏览器/服务器（Browser/Server）模式，从根本上改变了信息获取和交流的方式。尤其是Web技术的引进，使MIS的结构设计、开发环境和应用环境发生了极大的改变。

企业的MIS强调以数据为中心、面向任务、开发与集成共存的宏观规划方式。

（5）建立工程数据库或综合数据库。收集、整理企业（本企业或同类企业）的各种信息，建立便于加工、检索、维护及扩充等的数据库集成系统。

（6）形成与管理信息系统相匹配的、规范的管理规定和工作手册。

12.1.3　全国工程勘察设计行业计算机应用及信息化要求

（1）目标。以发达国家相应行业现有的水平为背景，建成以网络为支撑、专业CAD技术应用为基础、工程信息管理为核心、工程项目管理为主线，使设计与管理初步实现一体化的集成应用系统。

（2）设计单位集成应用系统的基本功能要求：

1）专业设计类。应包括：市场经营决策服务分系统、工程项目管理分系统、工程协同设计分系统、综合管理与办公自动化分系统、文档与设计成品管理分系统等。

2）建筑设计类。制定适用于单位具体情况的集成应用总体框架和以太网环境下的分系统，包括：企业级（含项目级）设计管理分系统、各专业 CAD 分系统、文档与设计成品管理系统、综合管理与办公自动化分系统等。

12.2　专业设计类集成应用系统

要达到项目的计算机辅助设计、管理及控制，需要建立与设计单位生产活动紧密相关的各种 MIS 并集成化，从而顺畅地实现设计项目资源的动态配置、实施过程的适应性定义、实时控制以及实时质量的关键点控制。强调信息的集成，表明各个系统之间的数据是相互关联、相互依赖、互相渗透的，是密不可分的。

集成化项目管理各系统通过对项目的分解、定义来建立项目的模型，通过对模型的仿真来对项目的模型进行优化，利用优化的项目模型制定项目的进度及费用计划；通过对项目质量控制点的定义、输入、监测来满足质量控制；通过基于数据库的 MIS 系统、设计过程文档管理系统等获得项目执行过程中的各种信息（包括进度信息、费用信息、质量信息、资源信息、决策支持信息等）；通过各个 MIS 系统的紧密结合，实现项目的动态管理并直达设计人员的桌面，最终实现项目管理与控制的"三大控制"目标。

其中，项目决策支持与设计管理信息系统是整个系统的主要组成部分，贯穿于项目进行的始终，并通过与协同设计系统的集成来完成"进度、成本、质量"的控制和优化，内含原始资料的录入与管理，项目模型的建立与优化，对项目实施控制（进度控制、费用控制、资源控制、质量控制和技术筛选）。

12.2.1　市场经营决策服务分系统

市场经营决策服务分系统基本功能包含市场信息分析管理、经营计划管理、经营合同及收费管理、客户资源管理以及综合信息查询服务管理等内容。

12.2.2　工程项目管理分系统

项目设计流程及数据管理系统以规范设计过程和设计流程为目标，通过基于数据库管理系统的 MIS 解决相关问题，实现专业内部和专业之间的协同设计，缩短设计周期，提高设计质量。

项目设计流程及数据管理系统依靠项目设计管理的网络计划，通过对项目工作逐步地分解而建立的工作流程，详细地落实到每一个设计人员，构成设计工作流程模板，以此作为动态流程控制的依据。

工程项目管理分系统的基本功能包含：项目经理或总设计师服务管理、项目进度控制管理、项目估算和费用控制成本管理（包括风险分析）、项目费用进度综合检测、项目质量管理、项目设计过程管理以及项目信息管理等。

12.2.3 综合管理与办公自动化系统

其基本功能包含：设计单位上层事务（以办公自动化为目标）、生产计划、生产调度、工程设计质量、财务、生产部门单元综合管理、科研与技术标准、人力资源、物资供应保障管理等。

12.2.4 工程协同系统设计分系统

其基本功能包含：工程规划分析、方案设计及优化环境；以图形为对象的二维协同设计环境、以模型为对象的三维协同设计环境、以可视化技术为基础的智能化设计环境；工程项目各专业间的协同设计控制管理、工程设计信息服务管理等。

12.2.5 文档与设计成品管理分系统

其基本功能应包含：党政文档管理、图书期刊管理、工程技术文档管理、工程设计成品管理以及信息检索查询服务管理等。

12.2.6 国内设计行业管理信息系统及项目管理系统概况

上述把项目管理及控制的 MIS 分成 5 个分系统，但现有国产的这类管理信息系统均没有这样清晰的划分。一方面是这 5 个分系统本身的互相关联、互相依赖、互相渗透的特性；另一方面是设计单位目前对这方面的需求难以一次全部提出；再就是这类信息系统的产品开发部门也难以预料各设计单位的各种情况。故现有的系统都是针对具体的设计单位需求而开发出来的，其功能只是这 5 个分系统的一部分，只不过有的这部分功能多一些，有的那部分功能多一些；功能模块的划分也各行其是，在结构及功能上有的部分是以独立产品出现，有的是根据需要组合在一起，但相对均缺乏建立在科学和严谨基础上的管理方法和评判设计管理效果的模型及系统。

目前，国内这类系统很多，主要有以下几个：

（1）上海平凡信息技术有限公司的产品——平凡工程设计协同管理系统。

（2）中京工程设计软件技术有限公司的相关产品——ZJ2000 设计院计算机网络应用系统。

（3）中科院北京凯思软件集团的产品——基于设计院行业的 PDM 系统 EDMAN。

（4）东大阿尔派产品——SEAS2000 综合文档管理中心。

（5）托普集团的 PDM 管理系统。

（6）集高公司的 JetFlo 智能办公系统。

在建立或选用相关系统时，应充分考虑其是否适合本设计单位的实际情况，但特别要注意不能因为强调设计单位的实际情况而放弃系统中先进的管理方法、模型和思想，因为先进的管理方法和思想的应用，最初往往会和设计单位的实际情况产生一定程度的冲突与对立。

12.3 项目的管理与控制

项目设计的管理与控制主要是指从设计策划、组织和技术接口、设计输入、设计输出、设计评审、设计验证、设计确认、设计更改直至归档及成品发放。控制包括进度、费用、质量、技术、资源等。同时，所有的费用必须不超过批准的预算，控制的重点表现在工日的完成情况上。

12.3.1 主要任务

项目设计控制是项目设计管理的核心，其主要目标是为了保证项目全面满足合同要求，并以最低的成本来获取较高的经济效益。项目控制的主要内容包括如下：

（1）进度控制。在项目进度计划确定后，为了保证计划顺利，如期完成，需制订一系列保障措施，对实施过程中发生的偏差进行分析、修正，从而达到所要求的完工目标。

（2）费用控制。把项目所制定的、经批准的费用作为基准值，对实际发生的费用进行监测和跟踪，对发生的偏差进行分析、修正，使实际成本不超过预期的基准值。

（3）质量控制。项目活动的质量由质量保证体系来保证，并通过质量管理与进度计划相结合完成对质量管理点（如开工报告、方案比选及论证、专业互提资料、成品校审、会审会签和施工服务等）的控制。

12.3.2 基本条件

要实现项目设计管理，必须具备以下条件。

12.3.2.1 项目设计管理工作手册

工作手册是用于规范项目人员的职责、分工、工作范围、工作内容、工作方法和工作步骤等，是项目实施、项目设计管理及项目各种活动的指导依据。

12.3.2.2 项目设计管理软件

计算机管理信息系统和辅助设计系统、网络通信系统及其他计算机应用系统的集成可用于项目的管理与设计的全过程和所有方面，它在项目管理和项目设计经理关心的信息资源、进度、成本、质量、技术决策支持、人员调度等方面均可发挥重要的作用。

计算机软件集成系统对项目设计管理起支撑作用，是实现项目全过程管理的必要手段，也是实现项目设计管理的工具。它使项目设计管理过程中出现的大量、反复的计算等重复性工作、复杂的工作流以及详细、量化的数据信息均能很好地得以控制，使以前手工的操作、繁琐的事务变得简单和规范。

设计与施工过程中计算机的辅助控制与管理是针对项目设计中 CAD 的需要，通过网络化管理信息系统，采用现代化的管理模式和方法，用业务数据、设计文件的集中式管理，结合网络及电子邮件信息传递技术并面向数据库（尽可能使用一致的应用软件平台，融合 ISO 9001 标准），使项目的跟踪、进度控制、审核、评审、产品等一系列工作都能依据规定的质量体系进行。

12.3.2.3 项目设计管理基础数据

项目设计管理基础数据是项目设计管理的物质基础，应包括项目设计管理中所必需的各种信息，如原始材料、历史数据、单位工日、产值、费用以及工作分解结构（WBS）、组织分解结构（OBS）、工作流、编码系统等。这些基础数据是项目计算机设计管理的有效保证。

12.3.3   项目设计管理与控制的基本流程

项目经理或总设计师借助管理信息系统进行项目管理时，要涉及以下流程：

（1）对管理信息系统进行需求调查。

（2）对项目相关原始数据的收集、审查与录入。

（3）技术方案的拟订、比选。

（4）对项目进行工作分解。

（5）确定项目编码和代码系统。

（6）对项目进行组织分解。

（7）建立项目模型与职责分工。

（8）费用估计和预算。

（9）对上述（2）～（7）项进行审核、确认与批准。

（10）管理模式的参数评判。

（11）追踪记录实际消耗（人工、费用）值。

（12）协同设计。

（13）报告与监控。

注意：这个流程不是一次性的，在进行过程中，项目会随进度、费用、质量状况的变化有选择地反复，直至项目最后完成。

12.3.4   项目设计管理信息系统需求

项目计算机辅助设计管理的基本思想是把项目的相关内容转化成信息系统所需的原始数据，计算机信息系统对各种原始数据进行加工，经济、快速、有效地获得期望的结果（要使计算机辅助设计管理在项目设计各阶段获得有效的参考资料、决策支持信息等），最后才能得到符合相关质量要求的设计成品，达到较好的经济、社会效益。项目经理或总设计师必须清楚已有的系统资源情况，对项目拟采用的信息系统资源组合进行相应的需求分析，有的放矢地进行判断和投入，构建和提出既能满足该项目的实施，又节省的系统集成和系统信息服务要求。

通常该部分工作由 IT 人员和项目经理或总设计师共同完成。如果企业已建成管理信息系统，则无需进行系统需求分析，只需按系统的要求收集原始数据。

12.3.4.1   项目情况调查

项目经理或总设计师应对项目的基本情况进行了解和做必要的分析、判断，如规模、任务子项、设计周期及进度要求；原始资料的获取（办法与成本）、拟采用的过程管理模式、对决策支持信息的依赖程度及原始数据的加工、提炼工作量；成品（图纸等）的样式和质量要求；条件、工作诸方面的要求；各种报告及文档、项目过程、工作进展以及对有关内容的记录与统计的要求等。

12.3.4.2   计算机应用技术的咨询内容和需求确定

对于项目经理或总设计师来说，即使了解项目的基本情况，但要决定对计算机应用技术的需求程度还是有一定困难的。这主要是因为计算机及信息技术发展非常快，设备的更新换代、信息技术的渗透能力、能实现和完成任务的能力都在日新月异地变化，要把握住这些变化，项目经理或总设计师或许难以完全做到。因此，通过对计算机技术应用专家进行相关问题的咨询是必要的。

（1）咨询内容：

1）已有的信息系统资源能提供何种服务，包括对可使用的计算机系统的性能、内部配置有哪些要求；

2）制图时，所采用的软件、版本、兼容性和它对硬件的要求；

3）数据、原始资料的录入方式、存放要求、数据库管理系统软件简况，以及数据、资料的加工、提炼、传递方式与途径；

4）设计过程等的计算机管理方法的选取（选择相应的决策支持系统）及质量检查的办法、方式；

5）数据、资料、成果的存储，备份形式及存储介质；

6）提交成果（图纸、图册、文本等）的质量要求与表现形式。

（2）需求确定。项目经理或总设计师通过咨询可对该项目在计算机辅助设计管理的需求进行定位，主要考虑以下几个方面：

1）功能需求。确定计算机系统能在该项目中做什么。

2）性能需求。确定计算机系统对该项目进行计算机辅助设计和管理能达到何种程度，有何种限制条件。

3）可靠性需求。计算机系统的稳定性如何；当受到某些意外情况影响时，系统是否会产生错误结果，可否避免以及相应的对策。

4）安全和保密需求。计算机系统是否需要在进入、加工、查询、复制等方面授权使用以及可授权的能力；是否需要防范计算机病毒以及防范强度。

5）维护需求。系统使用过程中出现问题时，谁来维护，日常管理是否需专人负责。

6）需求费用估算。对需求进行费用估算，并根据可承担的能力进行上述需求调整。特别是随着我国知识产权相关法规的完善和执行力度的加强，正版软件的花费与硬件设备花费之比将大大提高。

（3）需求评审。对已基本确定的需求还应进行综合评审。根据需求条件，主要考虑以下内容：

1）技术可行性。现有的资源在技术上可否满足要求，有何种技术障碍。

2）经济可行性。在确定的人力、资金和时间范围内，达到预期的目标是否可能，对项目效益的影响如何，是否划算。

3）社会可行性。所使用的信息系统是否有知识产权方面的问题，中间和最终成果的归属以及可能涉及的法律规定和后果。

12.3.4.3 计算机系统的进一步考虑

A 硬件方面

根据需求，可能还需要在已有的计算机系统的基础上增加新的设备和部件。一般来说，品牌机（特别是著名的品牌）质量较好，售后服务体系较为完善，但通常价格较贵。尽管某些公司可根据用户要求进行整机的组合，但总的来说内部部件重新组合不太容易，因其有自己的技术标准和规范，故部件兼容性是一个问题，自我维修的可能性较小，一旦安装拥有，将长期依赖且还需提防假冒的商家。因此，要注意有关的授权证书及公司、商家在市场上的长期存在的地位问题；选购组装机（公司及商家按用户要求用标准件组合而成）时，用户可根据自己的需求选择特定的组件。它有种种好处：价格便宜，可获得较好的性能价格比；组装机多采用标准件，备品备件易获得；用户可自我维护。但机器的稳定性一般难以保证，故障率相对较高。

B　软件方面

（1）在选用系统软件时，应考虑对项目设计管理应用程序及专业软件的支持能力，当前流行的有 MS-DOS、WINIDWS、UINX、LINUX、WINDOWS NT 等系统。但要注意，在一个操作系统下能很好运行的软件，在另一个操作系统下就有可能不能运行或出现这样那样的问题。

（2）应用软件。通常涉及的有制图平台和专业应用软件、数据库及管理软件、各种管理信息系统等。

C　专门人员的设定

对于一些大中型项目，选用适当的计算机专业人员作为项目计算机辅助设计管理人员，在减少支出、提高效率方面有着极为重要的作用。项目设计管理人员应该在这一方面有所认识。

12.3.5　数据采集及管理

其主要功能是对项目设计管理过程中所需的数据、要素进行采集、检测，使得在项目控制过程中，人员、工日、费用、资源的变化、消耗能够实时监控；通过与控制系统的配合，实现数据采集的电子化，对各种资源进行动态跟踪，为进度、费用控制提供所需参数并形成满足不同要求的报表，提供给项目经理（或总设计师）或其他管理者审阅。

12.3.5.1　数据准备与加工

计算机系统处理数据的基本方式为：传递、核对、变换、合并、分类、存储、更新、搜索、抽出、分配、生成、计算和表现等。计算机软件的作用就是把项目设计管理过程中的原始数据通过这些软件方便地交给计算机处理，并按要求提交给用户。

在项目设计管理的整个过程中，应将具有备阅、报告、分析、质量、痕迹追踪等用途的大量原始资料送计算机保存、处理、提交等。一般应录入计算机的原始资料有：

（1）合同、会议纪要、来往信函、各种单据、凭证、授权证书、批文、设备材料登记、资金使用情况、人员流动方向等。

（2）项目的建设规划与项目建议书及其相关情报资料、设计资质证书、总体设计方案、开工报告、设计进度计划及模型、设计条件、相关法规等。

（3）各专业的互提条件、设计过程中的中间结果及审核意见、修改方案、项目纪要、简报通知单，校对、检审、会签、记录，以及最终成果、图纸文档、总结报告、音像等。

（4）各项资料的提供方式记录，如各种前期工作的委托方、委托单、委托资料名称和内容及是否提交和提交日期，受托的设计人员及其接受上述资料的日期等信息。

（5）在项目任务书下达之后，要通过相关设计人员对工时实时提供，并结合历史的数据和工作进度进行确认，经审批后记入相关数据库，进入管理与监控流程。

12.3.5.2　资料录入

（1）在现阶段，可以用键盘、语音、扫描仪、手写板进行文字录入：用键盘录入时，要根据操作者对汉字录入技能的掌握情况确定相应的汉字输入方法，如智能 ABC、王码五笔字型等；用语音、扫描仪、手写板进行文字录入时，要注意选择适当的语音汉字、扫描和手写板汉字识别软件。扫描仪、摄像机、数码相机等其他多媒体设备输入音像等资料时，应注意使配备的录入设备与计算机软硬件系统顺畅地配接。

（2）尽可能利用管理信息系统（MIS）数据库中已存放的历史资料。

（3）应发挥因特网（Internet）的作用或局域网的性能获取对项目设计管理有用的各种资料。

12.3.5.3　新录入资料的检审

录入前应认真审核原始数据，录入后的内容应打印副本，录入人在副本上签字后提交核查与校对，校对人应在副本上签字。

12.3.6　项目的工作分解

12.3.6.1　项目任务的确认

项目的合同或委托书内容、相关资料、技术方案、任务通知等通过系统提交给领导、有关部门人员评审并填写评审意见，对项目技术方案及任务进行确认。

12.3.6.2　项目的分解

一个项目可以看成是由若干子项构成的，无论采用何种管理模式，项目分解、细化是必须的。当使用现代化的管理模式时，其中的网络图是按工序或项目子项构成，故一个项目细分为项目子项的过程就称为项目分解。

（1）项目分解应考虑的因素：

1）分解的对象是大型、复杂，还是小型、简单；

2）使用的对象和要求，管理者需要对项目进展过程了解的详细程度；

3）计算机系统的能力和要求、响应的时间等。

有关人员应根据这些因素确定项目分解的详细程度和层次，分解的详细程度用级数或层来表示，一般到 4 级（层）就可以满足要求。

（2）分解的基本方法。项目分解时，应构造工作分解结构图，即 WBS（Work Breakdown Structure）。WBS 就是将整个项目逐级细分为一些更小单元的活动结构示意图。工作分解结构是将一个项目自上而下逐级分解，一直分解到便于进行进度安排、资源分配以及管理和统计的级别。

工作分解结构的底层为工作项，它是项目设计管理软件的数据基础，有了它，详细计划才能得以实现。由于设计行业大量的工作内容相对固定，工作流程差异不大，为便于管理和保证基础数据的准确性和科学性，有必要对工作项建立相应的数据库管理系统。这个系统应包含项目运行中所涉及的内容，这样，在编制详细计划时，只需要确定所涉及的工作性质即可开展工作。另外，为了使详细计划网络化、合理化，需要对各层工作项定义逻辑关系，即工作流程，它可能是各专业间互提资料的关系。为了方便，有必要对专业及专业之间定义一些相对固定的工作流程。在定义工作流程时，要注意对工作流程进行优化，而不应是实际工作流程的完全体现。这样，使得在具体项目定义逻辑关系时有一个较为科学、合理的参照。

项目分解的基本方法：一种是按项目结构进行分解，另一种是按项目设计过程的顺序或施工顺序进行分解，这些工作可以通过计算机交互完成。很多情况下是将两种方法混合使用，先按结构分解到适当的级后再按过程进行分解，分解的级数层次应与组织结构图相对应。

12.3.6.3　填写子项明细

通过计算机系统交互完成子项明细表的填制，其内容包括：子项编号、子项名称、子项完成所需时间（工日等）、费用、资源、紧后子项或紧前子项以及完成与否的标志等。当然，也可以从系统工作项库中选择已有的子项及明细。

12.3.7　代码与编码系统

代码是人们在一定环境下给客观事物规定的标识。在项目设计管理中，每一种管理对象，如人员、设备、材料、工作和文件都要有自己的代码。管理对象有了代码才能有效地记录与它有关的数据信息。代码最重要的特征是它的唯一性，但这并不是说只有某个代码才能代表某件事物，只是说，在一定范围内，一个代码只代表一个规定的事项，不能同时代表多个事项。代码的种类有：顺序码、区间码、多面码、上下关联区间码、十进位区间码、助记码、缩写码、尾数码等。

编码是代码在一定规则下的组合，它除了像代码一样唯一标识一个对象之外，还可以反映一种层次属性（即标识对象在整个系统中所处的位置，它的上层、归属和下层分支都可以利用编码来识别）。它的特性是项目设计管理系统对项目资源、进度、质量等建立层次约束、汇总和追溯关系的基础。较长的编码可以使用间隔符来分节，以便于书写和阅读。

建立索引与编码是项目设计管理的必然要求。项目设计经理对资料需建立索引和编码，以便于查询、管理维护和使用。要建立索引就应对原始数据和资料进行分类和编码。编码是通过数字、字母或特殊的符号组成的代码来代表或表征事物名称、属性、状态和数量等。计算机通过代码来识别事物，代码与编码系统是项目基础数据的重要组成部分。它是信息化管理的重要组成部分，是对项目各种信息资源和信息按层次实现动态量化管理的重要手段，用于关联一组或一项数据以便该数据能在数据库中按一定的规则和需要存取、修改和检索。项目设计管理信息系统的代码和编码系统是为了对项目实行有效的控制而制订的，是对项目资源、进度、质量和数据按层次分门别类实现动态、量化管理的重要手段。

每个单项代码代表一个标识符，以供计算机数据库作为存取、修改和检索之用。单项代码在项目控制系统中可分别用来表示工作分解结构（WBS）、组织分解结构（OBS）以及费用分解的级别。WBS是编制项目进度计划的主要依据，它是以项目为根的树形结构，即将项目自上而下逐层分解为较小的单元和更具体的层次，并将各层次赋予代码以形成WBS的编码结构。当然，各设计单位究竟使用何种编码系统，应遵循各单位相关标准化编码和生成编码的规则。

12.3.8　组织结构分解

为了更好地对项目进行管理，在对项目分解成WBS以后，还需要对组织机构进行自上而下的分解，形成组织分解结构OBS（Organization Breakdown Structure）。设计单位的OBS一般分为三级：部（室）、专业、设计人员。项目的WBS与OBS是相对应的矩阵关系（WBS 的每一级都有 OBS 与之相对应）。通过对 WBS、OBS 进行编码，在项目控制时，不论是对工作还是对人员都能很好地进行管理、查询、汇总。通过对项目设计管理软件的应用，能对具体的部门、专业或设计人员下达任务。

通常，我们以 OBS 的各专业或设计人员为行，以 WBS 的工作项为列，在行和列的交叉点上按实际分工联结起来，就可得到项目设计管理和专业室管理的统一控制点，这个点上的任务就是它们共同的工作目标。根据 WTKS—OBS 责任分配矩阵特性要求，在每个 WBS 的列必须有且只能有一个 OBS 的行与之交叉，从而保证了每项工作都能落实到专人或设计人员。

12.3.9　项目计划与计划调整

12.3.9.1　技术方案的比选与确定

（1）技术的可行性。

（2）通过网络计划技术对进度、费用、资源（如设备、人员调配等）等的可行性进行论证。

（3）通过管理信息系统对技术方案进行审批与确认。

12.3.9.2　建立项目模型

项目经理或总设计师根据设计任务通知、项目的相关信息资料等，将项目分成若干工作子项，编写并工报告，填写子项信息。子项中的进一步细分由专业负责人或设计人员来完成，同时提供完成时间等信息。划分可借助系统按阶段、专业来分解项目，项目分解到工作项并确定工作项之间相互的逻辑联系，形成倒立的任务树，任务树的叶即为工作项。一般来说，专业的工作项按工作进行的时间先后顺序来确定，专业之间的工作项按专业间互提资料、条件的先后顺序来确定。同时，将每个项目的工时产值、费用、资源等信息一并录入，充分利用数据库中已有的、规范化的数据。最后，计算机系统完成网络分析，如网络计算、检测和提示消除子项间循环和冗余的逻辑关系，以保证模型的网络关系正确和合理。

12.3.9.3　优化和调整

计划的优化和调整有可能贯穿于项目进行的始终。在项目进行中，原有的计划进度、费用、资源等可能随实际情况的变化、技术方案的更改需要调整，系统会通过相应的机制来确认变更计划（调整时，要求输入计划变更时间、原因及变更批准人等）。项目设计经理还可以通过决策支持系统对计划的网络进行时间、费用、资源等方面的分析、计算、调整，使其优化。

12.3.10　定额制定及预算

为了便于对设计费用准确控制，需要有一套工时定额作为设计费用控制的依据。通常应根据已完成的设计项目所花费的工日、费用、消耗等进行分析、统计，编制一套较为准确的专业级或工作项的设计工日、费用定额，作为分配工日、费用等的依据。为了实现费用控制，相应定额的分解过程即为做预算的过程。由于采用的技术、材料、设备及设计成本随时间的推移而不断发生变化，各种定额也需要进行维护。可以根据工作项实际消耗的工时与预算工时进行比较、综合，将合理的工日汇总到专业一级，经项目经理或总设计师核定批准后作为新的设计定额使用，并存放于相应的数据库中。不难看出，定额的确定依据来源有：数据库中的历史模型或参照项目；专业或标准化规定；专业设计人员的临时协商等。

12.3.11　项目任务分配与下达

当承担的项目委托或项目合同经评审认可后，选派项目经理或总设计师。项目经理或总设计师对项目进行工作项分解和组织结构分解后，协商选定专业负责人，协助专业负责人安排具体设计任务、校对、审核、出图授权的人选等，安排各个专业设计工作的起始和结束时间等，随即通过系统报送有关部门和人员进行确认。确认通过后，以公告或动态消息送达设计人员桌面，要求相关人员在桌面上给予确认，同时产生项目模型。

任务分派和下达的同时，应发布该项目所采用的各种规定、标准提示、手册、资源信息以及各设计者拥有的网络资源权限和个人密码等。

12.3.12　协同设计

在工程项目的设计过程中，往复流动着三大类信息：设计文件流（设计图纸、说明书、计算表、报告等），包括设计过程产生的管理信息（设计、校对、审核意见以及工时和进度控制信息）；信息文件流，即设计交换信息（项目组到专业、专业到专业、专业到项目组以及上下工序之间所交换的设计意见）；质量控制文件流，即根据 ISO 9001 标准质量保证体系的要求，由质量保证部门发送的各种质量控制文件或记录文件。协同设计管理的目的之一是对这三大类信息进行科学、有效地管理和协调，而不应是仅限于对设计图纸的管理。

由于项目设计的复杂性，设计工作要由不同专业的工程设计人员协同完成。这包含两个层次，即专业内部和专业之间设计人员的协同工作。

在项目的实施过程中，设计工作是项目实施的核心。严重影响设计工作效率和效益的表现主要有：项目的类型多、规模不同，在多专业完成的设计活动中，若没有有效的手段来科学地管理设计过程，就有可能使专业内部设计流程以及专业之间互提资料的进程控制成为影响整个项目设计周期的重要因素；若由于缺少有效的管理模式和信息平台来管理设计更改的一致性，当某个专业设计结果的更改不能有效、可靠地保证相关专业进行一致更改时，那么，其潜在的后果必定影响整个项目设计的质量和进程。若在会审会签中才发现这种不一致性，就需要付出额外的时间和人力资源做相应的设计修改。在设计活动中，因缺少有效的技术及资源的管理而出现较多的重复工作，特别是不断产生的相似文档，一方面增加了本可以减少的时间资源开支，另一方面也增加了设计工程师的工作量和设计活动的成本。

做好协同设计的信息传递和信息共享，充分利用 MIS 系统的辅助协同设计功能，这是提高设计效率和设计质量的一个重要保障。

协同设计是从集成化项目设计管理系统或决策支持系统中接受项目的网络计划，根据其建立的设计流程，确定每项工作的设计、校对、审核、审定、批准人以及进行各项工作所使用的计算机软件或系统，同时建立具体项目的设计流程及明细；通过设计管理系统，实现专业内部的协同工作和自动完成专业间互提资料；由项目设计数据管理系统中所产生的各种数据，实现项目设计数据的版次管理、更改的一致性管理并归档。计算机协同设计系统向项目设计管理系统提供项目设计的进度信息，以便由项目设计管理系统实现三大控制；向综合资源管理系统提供设计进度信息和对项目设计的存档要求，并可从综合资源管理系统中提取项目的计划和调度信息、工程技术标准信息、质量规范和质量标准信息等。

12.3.12.1 统一各种表示方法、方式

一个信息化程度较高的单位，其辅助设计及管理相对规范和标准，且相关要求和规定是明确的，有专门部门和人员进行核查与监督。信息化程度不高的单位，各部门常根据本部门计算机及信息技术应用程度与认识来配备系统，设计与管理人员也会根据自己的喜好选择自己方便和熟悉的方式来实现各自的工作目的，从而造成同一种内容的不同表达方式、不同的实现手段等，多样而繁杂。因此，项目设计管理者应根据具体情况作相应的统一规定，使其符合设计单位信息化技术的相关要求。

由于设计对象的复杂性，为了保证某一设计对象的数据在另一对象的数据定义中互用，应尽可能地使用基于统一的数据格式的 CAD 平台。各专业的专家开发了针对设计对象的分析与计算的专用软件，它们在项目设计中发挥了重要的作用，但其综合性能受到当时信息技术和计算机技术的制约。因此，计算机辅助协同设计系统除了实现传统的那些功能，如项目设计数据的归档管理、释放管理、版次管理、查询管理等，还要建立较高层次的技术资源统一分类框架、统一编码体系和统一数据字典以及项目设计数据版次更改的一致性管理等。

12.3.12.2 充分利用计算机辅助设计（CAD）系统

各设计单位已经拥有许多性能优良的 CAD 软件和专业计算软件，这些软件在项目设计中起到了十分重要的作用。但是，采用这些独立的软件系统，不能实现系统之间的信息自动传递和交换。只有把 CAD 软件和专业计算软件有机地集成起来，并把它们所产生的信息通过网络和数据库系统，按不同的用途分门别类地进行有条不紊的管理，才能实现对信息的有效管理。

这里的 CAD 系统并非传统意义上的以图纸为中心的辅助绘图系统，而是从项目设计的前期工作开始，一直到项目执行完毕，贯穿项目全过程的技术数据和信息的处理过程。它以覆盖设计、采购、施工全过程的项目数据库为基础，强调技术数据的一致、共享、兼容、可操作和可追溯，强调多专业平行工作、各方面的协调参与和总体优化。项目 CAD 集成系统应是工程公司及设计单位的基本生产工具，与项目设计管理信息系统紧密相连并相互渗透。对这类系统，在应用与设计管理过程中还应注意以下方面：

（1）基本方法与工具。现代分析设计方法有很多，如功能、系统、创造性、艺术分析设计，工程遗传、优化、相似、动态分析设计，虚拟、物元、反求、离散分析设计，信息、智能、模糊、网络、人工神经网络分析设计等。虽然这些方法大都源于制造业，但在项目设计时也可借鉴。

（2）科学计算。为了提高设计质量和获得较优的方案需要进行大量的计算，这些计算通过计算机系统能够较好地解决。

1）充分利用已有程序。在有色行业的大部分专业中，均有很多针对各种情况而编制的专业通用及专用计算程序，其中，有相当部分经过项目实践证明是可用的。

2）针对具体情况编制相应程序。开发、编制相应程序一般最好具备这样的条件：开发、编制人员能较好地使用一门算法语言并掌握一定的程序设计知识和技能；项目设计管理人员或有关专业人员能提供计算公式、经验数据表或针对问题的条件表述；开发、编制人员能根据项目设计管理人员或相应专业人员的表述构造相应的数学模型，会选择计算机应用技术中的"计算方法"，并能按规范进行测试。

（3）计算机辅助制图。目前制图的方法有两类：一类是通过专门的应用程序，输入一定的数据，用计算机专用软件自动加工处理成图；另一类是在常规软件平台上通过设计人员一点、一线地绘制成图。

要注意，最新版本的软件不一定是最适合要求的软件，有时，也许老一点版本的软件更符合实际需要。

（4）计算机制图中需要注意的几个问题：

1）产生的图形文件格式能否被其他图形软件识别；

2）图中线条、字形、字体、粗细、式样在整个项目设计中的统一；

3）说明、标注、图签等在图画中的布置和大小，在图形缩放后与整幅图面的比例等是否符合规定。

（5）制图成果提交要求：

1）文件取名。计算机文件的取名要适应所用的环境，特别是接收者或系统对文件名的要求。应注意：有些系统不能识别中文文件名、中文目录及中文文件夹名；有些系统对文件名长度有要求；取名应有规律，即应分类、有序，最好能符合编码的要求。

2）文件格式。注意文件格式和可兼容性，即使是使用同一个软件，在不同版本下都会出现一些意料之外的问题。

3）文件大小。过大的文件有可能会导致以下情况：用某些软件打开时，数据丢失；通过某些输出设备输出时，不能实现（出现故障）；用某些软件编辑时，反应缓慢。在网络上传送时，应顾及网络系统的收发能力，特别是传送速率、断点续传与接收能力；在介质中存放时，还应注意建立说明文件或 README. TXT，在这类文件中，应包含所有有效目录、文件夹及文件名表、用途或功能说明以及使用这些文件所需的软硬件环境等。

12.3.12.3 模板化设计

大量采用各种模板是提高效率、减少成本最有效的方法。对于设计过程中经常采用的标准设备、部件标准图形、同一或类似的设计方案、设计成果、标书、管理报告、报表等，均可使用类似表格或其他形式的模板来表示。其内容除正常的图签和商标外，还应包括代码、名称、采用标准、数量、规格、适用条件、使用方法和说明、图样等。有些工作可通过图档管理系统的允许共用参数化设计与图块管理等特性来实现。

12.3.12.4 数据、图形、文件管理

使用中，应尽可能发挥系统具有的特性，如：

（1）利用操作系统具备的文档管理与检索功能，如 WINDOWS 系列的搜索功能（少量文件的管理）。

（2）利用 WEB 页超文本特性，如中小规模，文件种类复杂、需多媒体表现时。

（3）使用专门的数据库及管理。对于规模较大、管理要求较高、需要管理过程的记录等复杂情形，可使用专门的数据库及管理程序和命令，如基于 ORACLE、SQL SERVER、

SYBASE、INFORMIX 等的数据库及管理系统。

（4）其他管理应用软件，如用 EXCEl 做工资、人事等统计报表。

12.3.12.5 文档建立

文档的建立依赖于录入设备和与之配套的相应软件。选择不同的软件，文件中数据存放格式的就会不同。因此，选择适当的软件组合无疑有助于项目进展顺利，减少设计过程中的意外、麻烦和负担，其要素为：

（1）选择最一般的、兼容性较强的文件编辑程序（如 WPS 与 WORD）和文件格式（如 .txt，.doc 格式）。

（2）尽可能减少所用软件的品种。

（3）选用软件产生的结果应考虑在其他环境下便于修改、打开、阅览。

12.3.12.6 演示

在项目规划、方案比较、招标投标、项目进展、项目工程完成结果、技术研讨时，若需要演示，如投影、播放等，应该根据不同情况选择相应的软件，如 REALPLAYER、ACDSEE、MICROSOFT POWERPOINT、WINDOWS MEDIA PLAYER 等。

做准备时，应注意演示信号输入、输出方式及与相关设备接口的配合情况。

12.3.12.7 归档

原始资料及工作过程记录（含中间设计结果）全部存入计算机系统，并按规定的存储要求以磁盘或光盘等形式存放。应做两个以上备份送相应管理部门存档并确定保管年限。若有网络化的档案管理信息系统，将使这一过程快速、规范、节省。

12.3.12.8 设计出版

当设计成品交付给用户后，还需完成以下工作：

（1）在系统中登记"结束"，通知相关部门释放系统及人力资源。

（2）有施工服务要求的，转入施工服务控制。

（3）进行设计阶段费用结算。

12.3.12.9 几个参考规范

（1）《CAD 通用技术规范》（GB/T 17304—1998）。

（2）《CAD 标准件图形文件 编制总则》（GB/T 15049.1—1994）。

（3）《CAD 标准件图形文件 几何图形和特性规范》（GB/T 15049.2—1994）。

（4）《CAD 国家标准实施指南 CAD 文件管理和 CAD 光盘存档》。

（5）《CAD 电子文件光盘存储、归档与档案管理要求》（GB/T 17678.1—1999）。

（6）《CAD 文件管理总则》（GB/T 17825.1—1999）。

12.3.13 项目设计进展情况报告模板

为了避免由于汇报者书写能力方面的问题和项目进行中的一些重要事项的遗漏，也为了控制参数之类的信息便于在各子系统中传递与管理，应建立项目设计进展情况报告模板。通过这个模板，能规范地报告和提出项目的进展情况与出现的各种问题及处理办法。报告模板应包含以下内容：

（1）报告的封面。应符合设计单位的标准要求，如单位名称、工程项目名称、编号、版次、日期、描述、编制人、校核人、批准人等。

（2）报告的内容：

1）设计过程的总体执行情况，如近期所发生的重要事件、各设计专业进展、施工进展、当前存在的问题、下一步要做的工作、其他说明等；

2）人员安排与调度情况，如项目名称、编码、人员名单、来源、去向、性质、专长、作用等。使用 WPS2013、EXCEL 之类的软件易于构造统计报表；

3）项目完成情况的数字报表，其中：汇总报表包含名称、编号、专业（专业分类、专业室编号、专业室名称）、专业室工作量占项目工作量的比重（工作量尽可能按工日计算，有困难的也可按图纸量计算）、完成工作量、累计完成工作量、计划进度、实际完成进度、总计划进度、总实际完成进度（进度的时间单位可设为月、季度、年）等，并产生相应的曲线图表，内容存入数据库，通过数据库管理系统进行维护；专业或专业室报表包括名称、编号、子项名称、图号、图幅、自然张数、折合 A1 张数、工日定额、工作量比重、计划工作量、实际完成量、时间单位及日期、合计等，并产生相应的曲线图表；

4）如果没有信息系统来形成上述报表，可使用 WPS2013、EXCEL 之类的程序来形成，并可从各专业的报表数据自动产生汇总报表及曲线。

12.3.14　监督与控制

12.3.14.1　保证计算机应用结果的正确性

在计算机辅助设计与管理过程中，要使用各种各样的软件。为了保证使用这些软件所得结果是正确的，应该对相关软件，特别是临时开发的程序或那些没有在类似环境中用过的软件进行尽可能的测试，以保证从软件输出中得到符合要求的结果。应注意以下几点：

（1）计算机系统环境应符合软件的要求并有良好的维护。

（2）输入数据必须按规定要求录入，录入内容应给出副本，传送到审检人员处审检，以保证真实和正确。

（3）最后结果要进行评审。

12.3.14.2　反馈信息的检查

项目计划制定以后，为实现项目控制，要充分利用计算机管理系统提供的相关报表和网络计划流程图所示的进程及动态的关键路径，并通过调整相关参数来调整项目进行的流程，使管理控制过程随实际情况的变化而变化。这就是说，必须经过检测、反馈实际信息才能实现控制。通过管理信息系统将已完成项目的实际信息提供给经营决策系统，为以后类似项目的投标报价、设计项目管理提供数据参考。关键控制点的状态信息可在网上发布。

12.3.14.3　校对、审核与评审

校对、审核与评审主要是针对项目设计过程及流程的关键控制点所获得的结果。

（1）设计人员完成相关任务后，通过系统填写相应的表格并附上设计成果（可以是表格、文件、图纸等形式），提交校对、审核与评审。

（2）校对、审核与评审完毕后，提出相应意见并填写有关表格。对于不合格的内容，系统自动返回给相关人员修改。

（3）当校对、审核与评审合格后，系统自动将其提交到下一流程。

12.3.14.4　中间成果与最终成品的审检

项目设计的流程及进度受到诸多因素的制约，应该定期、及时、准确地进行严格、合理、科学化的监督及控制，这样才能保证设计质量和项目计划顺利进行。审检的内容包括：对设计过程进行检查，找出影响进度的因素；设计结果是否符合对设计的要求；检查最终成品是否符合成品规定；对设计文件正式出版的最后确认；对施工进展进行检查等。

12.3.14.5　质量评定

质量评定是对一个项目或一个专业的设计进度、设计质量进行总的考评。系统的质量评定功能包括评定标准与评定区以及对项目进行总的评分统计等。评定标准可以指定专人进行维护。评定区是供评定人员进行打分或扣分的区域，也是设计文件及校审记录查阅的区域。

12.3.14.6　流程控制点的检查

当项目模型建立，项目的设计任务下达并开始执行后，项目经理或总设计师应通过系统密切关注设计流程的进展情况。在动态流程图上观察每一个工作项的进展，特别要关注专业与专业、设计者与设计者之间互提条件、条件修改、图号的编制与正确性验证，以及各种审检、确认的进展。对于停顿、迟缓者，发布相应的督促指令。

12.3.14.7　费用控制

通过反馈信息判断费用是否在合理的位置，通过网络计划技术优化费用计划。

12.3.15　综合数据库

综合数据库是信息系统的技术基础和运行核心，是信息存储、管理和加工的工具。由于设计单位的项目设计管理活动不仅涉及数据，还涉及方法、模型及知识。因此，在综合数据库集成中应包括以下三大部分：

（1）方法库（AB）及其管理系统（ABMS）。收集管理中的各种数据或逻辑处理方法及算法，为用户提供决策与优化手段。

（2）模型库（MB）及其管理系统（MBMS）。存储、管理各种模型，如项目分解、物资管理、监控模型等。

（3）数据库（DB）及其管理系统（DBMS）。支持数据的存储、记忆，提供数据库与模型库、方法库的联结接口，使用户能对数据进行其需要的操作，如录入、修改、删除、检索、提取等。

12.3.15.1　存放内容

（1）原始和基础数据（如成品、技术资料、编码系统、词典等）是设计单位的重要财富和资源。

（2）项目模型。

（3）质量记录（质量信息记录、质量控制过程记录等）。

（4）手册、规定、命令。

（5）标准、规范。

（6）来往文件。

12.3.15.2　数据的组织和存放方式

（1）数据库方式。

（2）目录方式。

（3）文件方式。

12.3.15.3 数据库管理系统

根据数据的组织和存放方式，有相应的数据库管理系统。对于目录、文件方式相应的管理系统有两种：一是操作系统本身的文件和目录管理功能；二是众多的专用程序具有的管理功能，如 Oracle、MS Sql Server、Sybase、Informix 等的数据库及管理系统。

12.3.16　文、图档管理

文件、图形、技术资料等是设计单位的无形资产，大、中型项目文档的计算机管理是一个较为琐碎和对计算机技术要求较高的工作。文件、图形、技术资料等的管理从项目获得档案号到工程完毕时要划定保管期，送交保管，其间，要考虑到信息的产生、收集、处理、整理确认、归档、发布、传送共享、安全等诸多因素。最好的办法是建立覆盖信息本身和信息流程以及产生过程的文档管理系统，并要求：

（1）对文、图档进行组织结构定义、分类管理，便于参数化和模块化设计。

（2）文、图档数据有较好的一致性。

（3）通过时间和编码来构建文、图档的版本。

（4）文、图档的内容能快速查阅、检索及浏览，并可根据需要进行各种修改。

（5）在共享数据的安全方面，要求文、图档有相对严密的权限控制、身份证识别与验证。

（6）归档过程与图库的良好、方便的管理。

12.4　计算机网络及基本用法

计算机通信网络是现代化设计管理的基础工具，项目经理或总设计师在项目的设计与管理过程中必然涉及大量的计算机网络知识与 Internet 及 Intranet 技术，如 MIS 的使用、协同设计、现场与设计单位本部的信息交流等。因此，了解上述相关知识是对项目经理或总设计师的基本要求。

12.4.1　计算机网络

12.4.1.1　网络结构

以物理方式把在不同位置的两台以上的计算机通过导线连在一起，按照一定的协议来实现计算机之间的通信，实现软、硬件和数据资源共享为目的的计算机系统集合，称为计算机网络。按其覆盖范围来分，可分为广域网 WAN（Wide Area Network，其中，Internet 是一个覆盖全球的广域网）和局域网 LAN（Local Area Network，一般在 10km 以内），可用多种通信介质通信；根据连接的线路结构，分为总线型、星型、环型等；按数据构成传送方式又有数字数据网 DDN（它是利用光纤或数字微波、通信卫星组成的数字传输通道和数字交叉复用节点组成的数据网络）、综合业务数据网 ISDN（把语言、数据和图像等综合起来，全部信息都以数字化的形式进行传输和处理）、网络快车 ADSL（Asymmetric Digital Subscriber Line，意为不对称数字用户线，是一种通过普通铜芯电话线提供宽带数据业务的技术）以及 VPN 技术等。对用户而言，主要是反映在上网使用的速度上。

现代网络常常是多种拓扑结构的网络互连在一起，单一拓扑结构的网络则较少使用。一个典型的计算机网络包含以下主要设备：

（1）服务器。管理网络的各种资源。

（2）工作站或终端。用户的工作桌面。

（3）交换机或集线器。服务器与客户机的互联设备。

（4）路由器。接入 Internet 远程拨入或局域网分支机构互联设备。

（5）通信线路。目前局域网多采用光纤和超五类双绞线连接，也有用有线电视（CATV）电缆和无线方式连接。

（6）网卡与调制解调器。线路与计算机间的交换接口与界面。

12.4.1.2 计算机网络的主要用途

（1）数据传输。计算机之间通过网络进行信息传输，从而对分散在不同地点的计算机进行集中控制和管理。

（2）数据共享。用户可在不同位置根据所获得的权限，部分或全部地使用网络中的软、硬件和数据，以满足用户的信息需要。

（3）问题求解的分布处理。对一些较为复杂的问题分解成一些小问题，分别交给不同的计算机进行求解，再将求解结果集中统一处理，从而获得最终结果。

12.4.1.3 IP 地址与域名

A 协议

在网络中，由于各种计算机使用不同的硬件和操作系统，为了使双方能理解，相互之间的通信就必须遵守一定的、双方均认可的约定和规则，这些规则的集合，简称为网络协议（Protocol）。在计算机网络系统中，使用各种形式的网络协议，TCP/IP 是其中最基本的协议之一。TCP/IP 是一个协议簇的代名词，其中，最重要的是两个协议，即传输控制协议（TCP）和互联网络协议（IP），现已成为事实上的工业标准。在 Internet 中必须使用该协议，在局域网中也逐渐取代了其他协议。

B IP 地址

网络中，每一台计算机都有一个 IP 地址号，即一个 32 位的 IP 地址，如 10.169.98.2。就像门牌号一样，这个号对于服务器而言，是在操作系统安装时系统管理员给定的。而客户机或工作站既可给定，也可由服务器自动分配。一旦人工给定后，一般不会发生变化；而自动分配的 IP 则会随着网络环境的变化而变化，在服务器上可以查阅各个节点的 IP。

为了方便记忆和书写，把 IP 分为 4 段，每一段的取值范围是十进制的 0~255，段与段之间用"."分隔，如 169.203.61.2。在 TCP/IP 网络中，两个不同 IP 网络（或子网）的相互通信，由路由器（Router，常被称为网关"Gateway"的设备）来进行数据包的转发。

C 域名

Internet 及 Intranet 等网上的任何一台主机都有唯一的 IP 地址，要想访问一台服务器，必须先知道它的 IP 地址。由于 IP 地址是一个数字，难以记忆，为了解决这个问题引入了域名（Domain Name）。

　　域名是一个层次化的符号名称，层与层之间用点字符"."分隔，位于最右边的一层称为顶级域名（或称根域名），其他都是顶级域名的子域名。如果我们为网上的计算机定义一个名字（主机名），在名前加上主机名就形成了该机在网络中的符号地址，也称主机地址，如 www. cnshare. net。由于计算机与网络上的任何主机连接时，使用的是 IP 地址而不是主机地址，所以需要用域名服务器（Domain Name Server，简称 DNS）来完成主机地址转换为 IP 地址的任务，即完成本域的主机地址到 IP 地址的转换和 IP 地址到主机地址的转换。同时，与它的上级 DNS 和其他域的 DNS 联系并交换信息。因此，如果把计算机接到 Internet，还需要知道提供接入服务的 DNS 地址，并把该地址设置到相关网络软件中，否则只能用 IP 地址而不能用主机地址去访问。

12.4.2　Internet（因特网）

　　随着连接不同地址（包括不同城市或不同国家）的计算机系统广域网的发展，通过 TCP/IP 协议等发展成了 Internet。

　　Internet 是由众多自主网络互连而成的分布式网络，每个独立的网络自身管理其网络与外界的连接，没有一个统一管理 Internet 的机构，只有一个设在美国的 Internet 协会在负责调配网络上主机（即 Host，它可以是计算机、联网设备、网络打印机等）的地址资源。而 WWW（一种网络信息访问的方法，它使得访问远程的信息就像访问本地信息一样）的出现，使得用户能在 Internet 上查阅、传输、编辑超文本文档和进行文件传输（FTP）。因此，WWW 已经成为访问 Internet 最普遍的手段。

　　目前，在 Internet 上流行的是第一代 Web，它是用具有文本及简单图形功能的 HTML（超文本标记语言）页面来承载和表达信息，其特性表现为静止及线性。而正在发展的第二代 Web 是一个交互、三维、动态、逼真并可通过 Internet 高速传送的多媒体世界，它借助于 VRML（标准虚拟现实造型语言），通过在网上传送数字表达式来代替传送图像，从而解决目前大部分网络带宽不足以传送交互式三维图像的问题。Internet 提供的服务很多，最常用的服务有：

　　（1）电子邮件（Email）。电子邮件服务是 Internet 的最传统和使用最频繁的服务项目，通过它可以传送文件数据、图像、程序等。

　　（2）文件传输（FTP）。文件传输是在不同的计算机之间进行的一种服务，具有专用性质。Internet 存有大量的文件、资料、数据、程序、图像等，可提供多种 FTP 服务。用户可以通过 FTP 从这些服务器中获取需要的内容，即下载（Download），或将自己设备上的内容送到 FTP 服务器，即上传或上载（Upload）。

　　（3）远程登录（Telnet）。它允许用户与网上的一台主机相连，并作为这台主机的一个终端来使用主机上规定范围内的硬件和软件资源。

　　（4）WWW（World Wide Web）服务。WWW 是一种标准的、通过 Internet 为用户传递链接文本（超级文本）的方法，它通过浏览器上页面文档指针自动地对下一个文档的服务器作出请求，而不需敲入任何地址，这个文档就能被传递到本地用户机上或 Internet 上任何地方的计算机上。它建立在客户机/服务器结构的基础上，使用基于 TCP/IP 的 HTTP（Hyper Text Transport Protocol）的超文本传输协议进行通信，文本内容用 HTML（Hyper Text Markup Language）编写。提供 WWW 服务的服务器称为 WWW 服务器或 Web 服务器。

WWW 服务是网上最有活力的一种服务，通过安装在个人计算机上的网络浏览器（Internet Browser），便可用鼠标点击方式在 Internet 或 Intranet 上漫游。作为一种习惯，大多数 WWW 服务器的主机名都用"www"。故一般只需要知道所要访问的服务器所在域的域名，就能够访问到相应的服务器，如微软（Microsoft）公司的域名是 Microsoft.com，其服务器地址可能是 www.Microsoft.com。

（5）Gopher 服务。Gopher 是一种信息检索服务，通过用户机上安装的 Gopher 软件，以点菜单的方式访问网上 Gopher 站点上的信息。

（6）文件查找服务（Acrchie）。Internet 网上除直接提供信息的服务外，还提供各种信息查找服务，以便在浩瀚的信息海洋中找到所需要的信息。通过网上的搜索引擎或本地机器上安装的相应程序，只需输入所需文件的关键字，就可找到有此关键字文件的服务器地址、文件名及目录。

（7）讨论论坛（Usenet）。相当于一个电子公告板，供人们讨论感兴趣的问题，发表不同的看法、争论、交流经验体会等。电子论坛分很多大类，大类下有组（Newsgroup）。Usenet 也比较庞大，通过 Internet 访问 Usenet 只是其中的访问方法之一。

12.4.3　Intranet（采用 Internet 技术的局域网）

当前，称为 Intranet 的网络是依靠传统的网络硬件、软件和服务器，采用 Internet 中的 TCP/IP、HTTP、SMTP、HTML 等技术和标准建立的企业内部网络，用户可以像 Internet 一样使用 Intranet。目前，企业的局域网常见的是使用 UNIX、NETWAR 和 WINDOWSNT 作为操作系统的网络，其硬件网络拓扑结构根据不同的需求而形式多样。

在 Intranet 中，计算机（用户）的信息交流还有一些其他形式，如以 MSWindows 系列操作系统支撑的可用网络邻居、虚拟磁盘等方式进行。这类方式可以不依赖域名 IP 地址，而是依赖相应的计算机名等。

12.4.4　网络的使用

12.4.4.1　上网与浏览器

无论是利用 Internet 还是在 Intranet 进行管理等工作，都需要网站的支撑和服务，进入这些网站（上网）要使用浏览器或针对具体问题的工作平台。

目前，最著名的浏览器有：网景（Netscape）公司的浏览器 Navigator（其后又改名为 Communicatot）、微软公司（MS）的 Internet Explorer。另外，还有很多各具特色的浏览器，如 Opera（即所谓的画中画浏览器）以及 Teleport Pro、Agent（即所谓的离线浏览器）等。

当不能用 Intranet 进入 Internet 时，可用电话线直接把计算机接入国际互联网（上网），即拨号上网。主要过程为：

（1）通过调制解调器把计算机与电话线相连。

（2）安装调制解调器驱动程序。

（3）建立拨号连接，给定网络适配器协议与服务器 IP 和连接模式。

（4）启动拨号程序进行拨号，输入账户名和密码完成拨号。

（5）浏览与通信。使用浏览器和各种专用程序完成网页浏览、信息下载、接收和发送邮件、各种讨论等。

12.4.4.2 电子邮件

项目设计管理是一项协作要求很高的工作，信息交流量大，项目人员之间的协作与通信必不可少。在网上，无论是 LAN 还是 Internet，对资料、设计的各种成果、报告、汇报表等的传送有多种方法，但使用电子邮件是最重要的手段之一。

电子邮件又称 E-mail 或 Email，具有安全、方便、高效、可记录等特点。一般申请为网上用户时，ISP（信息服务商）或网站管理机构都会随着账号送一个电子邮件信箱。同时，还可以在网上申请一些免费的电子邮件信箱，其最大的优势在于它的灵活性。

对于可以上网的计算机，只要有账户和密码，就可以在任何地方随时检查自己的信箱和收发邮件，而与机器的操作系统无关。

A 不用浏览器收发邮件的条件

（1）需要邮件传送与接收程序，如 Outlook Express、Microsoft Outlook、Foxmail、Diffondi、Automail 等。

（2）需申请注册邮箱与账号。

（3）需要收发邮件的服务器名或 IP 号（可能不是同一个）。

B 邮件发送（使用邮件传送与接收程序来完成）的基本工作

（1）建立与拨号连接的关联（在 Intranet 中时，可不做本工作）。

（2）设定好账户和收发邮件服务器。

（3）进行一些收发管理的设定。

（4）进行一些收发界面的配置。

C 收发邮件时应注意的事项

（1）文件大小。对较大的信息传递要考虑对方的线路与信箱是否能容纳以及传送速度能否接受。

（2）汉字。所用的汉字信件对方的系统能否读出。

（3）回执。可以设置成对方收到邮件后即自动发回一个回执。

（4）防范。可能会有一些随电子邮件的附件而来的病毒，故不要打开不知名的邮件及附件。目前，也有一些病毒源附在正文上，危害极大。

12.4.4.3 IP 电话（Internet Phone）

IP 电话是因特网实现远程通话的一种通信方式，一般话费低于长话费。获得 IP 电话服务的方法如下：

（1）各种网站提供的 IP 电话服务。

（2）直接用电脑多媒体系统实现，常见软件有 Netmeeting、MediaRing Talk、Voxphone、Net2phone 等。

12.4.4.4 传真

（1）可以借助 IT 服务商提供的传真服务。

（2）直接用电脑与相应软件（如 EUROPE、FREEFAX2000、CHAT PLANET、FAX-AWAY 等）配合实现。

12.4.4.5 文件传输（FTP）

A FTP

FTP 是一种在网络上传送信息的传统而实用的方法，以它所使用的协议——文件传输协议（File Transfer Protocol）来命名。

FTP 采用客户机/服务器（Client/Server）方式工作。在 Internet 上有许多 FTP 文件服务器，有的对所有用户开放，有的只对有账号的用户开放。作为一种规则和约定，前者可以用 ANONYMOUS 或 FTP 作为用户名，用一符合 Email 地址格式的字符串作为口令来登录，这类服务器称为匿名 FTP 服务器；后者需要服务器的管理者为用户开设账号后，用户才能与 FTP 服务器建立连接，获取服务器上的文件，这种 FTP 服务器称为记名 FTP 服务器。通常，匿名 FTP 服务器提供的是可以公开拷贝、使用的文件，其中，有大量的免费软件或共享软件，如供测试的 Beta 版软件和供评价（Elevation）的商业软件以及各种文档、图片等。

与 WWW 服务器的取名习惯一样，常用 FTP 服务器的主机名加上域名就构成了 FTP 服务器的主机地址。

B 客户软件

要将 FTP 服务器上的文件传到用户的计算机上（文件下载 Download）或将用户计算机上的文件发送到 FTP 服务器上（文件上载 Upload），需在用户的计算机上安装一个称为 FTP 客户程序的软件。它可以是一个单独的软件，也可以是一个 Internet 网络软件包或其他软件包的一部分，如 Microsoft、Netseape 的网络浏览器中就集成了 FTP 客户程序功能。

C 使用

假定客户程序是 Windows 9X 下的 FTP 程序：

（1）进入 DOS 提示。

（2）进入存放下载文件目录，如 CP C：\ TEMP。

（3）运行 FTP 客户程序。完整启动 FTP 程序的命令为：

C：\ TEMP ＞ FTP ［ ＜FTP 服务器地址＞ ［ ＜端口号＞ ］］

命令中，没有下划线部分是系统的提示内容，有下划线部分是用户键盘上敲入的内容。＜FTP 服务器地址＞可以是 FTP 服务器的主机地址，也可以是 FTP 服务器的 IP 地址。＜端口号＞是 FTP 服务器的端口号，缺省为标准值 21。

D 使用例

C：\ TEMP ＞FTP FTP. YNU. EDU. CN 输入账户名称和口令

如果连接成功，系统提示为 FTP ＞；

使用 FTP 的一系列命令完成相关操作，如下载文件：

ftp ＞ get temp. txt　kl. Txt（把 temp. txt 下载到用户机器内取名为 kl. Txt）；

ftp ＞ mget y＊.　＊（把文件名第一个字符为 Y 的文件下载到用户机器上），上载文件使用 put 和 mput 命令；

退出 FTP

ftp ＞ quit。

用浏览器访问 FTP 服务。

访问 FTP 服务的 URL，形式为 ftp:/ftp:ynu. edu. cn。

12.4.4.6 远程登录（Telnet）

远程登录是把用户的计算机变成远程主计算机终端使用的一种技术。Telnet 软件由服务器和客户软件两部分组成，主机上运行 Telnet 服务器程序，故主机称为 Telnet 服务器；用户机器上运行 Telnet 客户程序，将该机变成主机的一个终端。

（1）Telnet 服务器一般运行在 Unix 下，故熟悉服务器操作系统命令是使用 Telnet 的基本要求。

（2）Telnet 命令格式如下：Telnet［＜服务器地址＞端口号＞］，标准和缺省端口号为 23。

（3）使用方法：

1）在 Windows 98/nt 的 DOS 提示下：C：windows\> telnet mailnost. pgrad. ynu. edu. cn。注意，mailhost. pgrad. ynu. edu. cn 与上面和下面的地址一样，只是一个假定的地址。

2）输入用户名和口令，连接成功后提示符为"MYM"；

3）运行 Unix 命令操作；

4）退出用 logout 或 exit。

12.4.5 网络安全

12.4.5.1 计算机系统的脆弱性

（1）输入/输出部件。在输入输出端口上的信息易于泄露或被窃取，有很多"黑客"就是通过防范不严的网络端口窃获密码进入系统中的。

（2）软件。无论是对系统软件的破坏还是对应用软件的破坏，都可能造成系统功能的损坏或导致整个系统瘫痪。

（3）存储部分。存储介质的微小故障会导致大量的数据丢失，存储介质的管理不当，也极易泄露所存储的信息。

（4）操作人员的错误操作。会导致系统故障和崩溃、信息的流失和泄漏等。

（5）其他。计算机系统的电磁泄漏、辅助保障系统的不完备都可能造成系统信息的泄露和系统故障。

12.4.5.2 计算机信息和系统所面临的威胁

（1）计算机犯罪。对计算机数据进行窃取、修改、删除或进行其他形式的犯罪。

（2）计算机病毒。计算机病毒是一种特殊的计算机程序，它能选择时机和条件爆发，对计算机系统数据造成不同程度的破坏。

（3）管理与操作事故。

（4）自然条件与环境。温度、湿度、雷电、供电、电磁干扰、烟雾、昆虫与小动物等，都会对系统安全产生威胁。其中，网络系统本身包含很多方面的危险，如计算机本身、操作系统、网络协议、数据库系统、网络设备、计算机病毒以及内部管理人员等。可归纳如下：

1）系统安全。应注意 CPU 隐含的信息（如 intel 公司的产品）、病毒、黑客等可能导致的安全问题。

2）使用权限。应注意对不同的用户应有不同的信息资源录入、查阅与使用、传送与复制、修改与删除等权限和应用广度及深度的能力。

3）软件安全。要注意软件的缺陷、内嵌的某些不为人知的特性（如微软公司在 Word 和 Excel 文件中曾经加入有代表特征的序列号）等带来的安全隐患。

12.4.5.3 防范方法

A 常见的防范方法

访问控制、标识认证、加密与密钥管理、安全审计、病毒防范、IP 地址过滤、建立防火墙等;完善抗静电、防雷击设施;严格网络管理体系和工作程序。

B 防病毒软件的选择

应注意防病毒软件的管理工具与病毒检测和剔除功能是同等重要的。只要具备一定的知识并选择一个很好的防病毒软件,病毒和由此产生的损失可以减少到最小,要考虑的方面有:

(1)病毒的检测能力。防病毒软件检测病毒的方式通常有:对软、硬盘的全面检测,对被访问文件进行实时监测。要求防病毒软件应同时具备这两种能力。

病毒的检出率是一个指标,但不能作为唯一的标准。测试的病毒种类不同,检出率也不同。有的机构要求对"野生病毒清单"上所列的病毒检出率达 100%。

(2)软件性能。能实时监测文件且运行快速和稳定。网络防毒软件能支持较多的操作系统和版本,具备监视服务器负载并能相应调整自己的运行状态。在文件服务上,备份软件和防病毒软件能互相融合。

(3)可管理性。防病毒软件应具备较好的升级更新能力、病毒检测启示能力、远程安装能力、查出病毒的通知能力。

(4)其他。对压缩文件的查病能力、对系统引导的保护能力、软件的使用界面和联机帮助能力等。

12.4.6 部分法规与规定

(1)《国家商用密码管理条例》、《国家商用密码管理委员会一号公告》、《国家保密法》、《涉及国家秘密的通信、办公自动化和计算机信息系统审批暂行办法》。

(2)《计算机信息系统国际联网保密管理规定》、《计算机信息网络国际联网安全保护管理办法》、《中华人民共和国计算机信息网络国际联网管理暂行规定》、《全国人民代表大会常务委员会关于维护互联网安全的决定》。

(3)《计算机信息系统安全专用产品检测和销售许可证管理办法》、《计算机病毒防治管理办法》、《关于加强银行计算机安全防范金融计算机犯罪若干问题的决定》。

(4)《计算机软件保护条例》、建设部《关于在工程勘察设计行业开展 CAD 软件正版化工作的通知》、国家版权局《关于不得使用非法复制的计算机软件的通知》、科学技术部《关于加强与科技有关的知识产权保护和管理工作的若干意见》,信息产业部《软件产品管理办法》等。

学习思考题

12-1 名词解释:信息技术,MIS。

12-2 在现在社会,设计单位信息化有什么重要意义?

12-3 为了符合时代要求,设计院的现代化管理方法和内容有哪些?

12-4 请简要地介绍管理信息系统(MIS)集成的概念和内容。

12 – 5　专业设计类集成应用系统应该包括哪些分系统？并简单介绍。

12 – 6　项目管理与控制的主要任务是什么？

12 – 7　进行项目管理与控制应具备哪些条件？

12 – 8　项目管理与控制的基本流程是怎样的？

12 – 9　项目设计管理信息系统有哪些需求？

12 – 10　如何做好项目设计过程中的协同工作？

12 – 11　为了做好项目设计管理的文、图档管理，应做好哪些方面的工作？

附　录

附录1　钢铁工程项目施工图设计标准子项划分

（一）铁合金工程子项（硅铁）

序号	子项名称	包含主要内容
1	原料场	原料储存、运输、加工设施
2	主车间	配料、上料设施，电炉及其供电、电控设施，液压站，烟气净化、铁水浇注及成品处理（车间变电所）
3	循环水及水处理设施	新水、净环水、浊环水及水处理设施
4	余热利用设施	余热锅炉房及其除氧给水
5	电炉烟气净化设施	
6	开关站	高压配电装置、动力变压器、控制室
7	修理设施	机、电、仪修理，计量、器具修理，运输修理
8	检化验设施	检化验室
9	仓库设施	备品备件库、各种材料库、成品库
10	锅炉房	或换热站
11	空压站	
12	总图运输设施	铁、公路及其辅助设施，平土排水，称量设施，围墙大门，挡土墙，警卫室
13	综合管线	各种动力外网及通信外网
14	厂区生活福利设施	办公楼、食堂、浴室、托儿所等或综合楼电控
15	非标准设备设计	非标准设备、压力容器、除尘设备、PC编程
16	环保监测站	环保检测、安全与卫生
17	施工图预算	

（二）原料场工程子项

序号	子项名称	包含主要内容
1	受卸料设施	（不含解冻库）
2	储料场	
3	整粒车间	
4	混匀车间	
5	供返料设施	（含高炉、焦炉、烧结系统）

序号	子项名称	包含主要内容
6	主控楼	
7	取制样设施	
8	化验室	
9	修理设施	运输机械修理，机、电、仪修理等
10	供排水设施	
11	变电所	高低压配电装置、动力变压器等
12	装卸机械库	
13	油料库	各种油料库
14	总图运输设施	铁、公路及辅助设施，平土排水，称量设施，围墙大门，挡土墙，警卫室
15	综合管线	各种动力外网及通信外网等
16	厂区生活福利设施	办公楼、休息室、食堂、浴室、托儿所
17	非标准设备设计	非标准设备、除尘设备、电控、PC 编程
18	施工图预算	

注：原料场工程系指全厂性综合料场（钢铁厂、联合企业），其他如：铁合金、锅炉房、独立铁厂等原料场均划到该工程类别之中。

（三）高炉工程子项

序号	子项名称	包含主要内容
1	原料车间	供料皮带、同廊、运转站、除尘设施、变电所、电磁站（矿槽上皮带延伸至第一个运转站（含该运转站）为止）
2	供料设施	矿、焦槽，筛分，称量设施，除尘设施，返矿、返焦设备，槽下供料设施，电磁站，变电所，液压站，润滑站
3	上料设施	斜桥（或上为主皮带及同廊）、卷扬机室（或主皮带传动房）
4	炉顶设施	炉顶各平台、框架、炉顶设备、吊车、上升管、液压站、润滑站
5	高炉本体设施	高炉本体（含炉壳、炉底至炉身的内衬，各冷却设施、配管等），炉体框架，各平台热风围管及分口装置，高炉电控室（或高炉、热风炉综合控制室）
6	风口平台及出铁厂	风口平台、出铁厂（含渣、铁沟、炉前各设备等）、除尘设施、高炉值班室、工人休息室、泥炮操作室
7	渣处理设施	渣处理设施、渣运输设施、渣池
8	热风炉设施	热风炉本体，各种阀门、管道、助燃设施（含助燃风机房），烟道、烟囱、烟气余热回收设施，平台、走梯，热风炉电控室，液压站
9	粗煤气设施	粗煤气下降管、重力除尘器、液压站、润滑站
10	煤粉喷吹设施	制粉设备、喷煤设施
11	铸机室	
12	生铁块库	
13	碾泥机室	

序号	子项名称	包含主要内容
14	燃气设施	煤气净化设施、煤气加压站或氮气设施、煤气余压发电设施
15	热力设施	鼓风机站、锅炉站、变电站、电控室、空压站
16	循环水及水处理设施	净化水循环系统、工业水循环系统、软水循环系统、煤气洗涤水循环系统、各种水处理设施、冷却设施
17	供电设施	区域变配电所（总降）
18	机修设施	机、电、仪、计量、运输修理，铁水罐修理库
19	检、化验设施	化验楼（不含风动送样）
20	通信设施	信号楼
21	仓库设施	备品备件库、各种材料库
22	总图运输设施	铁、公路及其辅助设施，炼铁站，挡土墙，围墙，大门，平土排水
23	综合管线	水、电、风、气、通信等外部管线
24	厂区生活福利设施	办公楼、食堂、浴室、托儿所或综合楼
25	渣场	
26	非标准设备设计	非标准设备、压力容器、除尘设备、电控、PC 编程
27	施工图预算	

注：1. 有效容积大于 $1000m^3$ 以上（含 $1000m^3$）的高炉，可按以上所列子项划分项目，若子项包括的内容很多，可在子项下再划分孙项。

2. 有效容积小于 $1000m^3$ 的高炉，可将第 2～13 项合并成"炼铁车间"一个大子项进行管理，以减少子项数目。"炼铁车间"子项下可再分出若干孙项。

（四）转炉炼钢工程子项

序号	子项名称	包含主要内容
1	主车间	散状料上料、冶炼设施，烟气净化设施、炉外精炼、铁水、废钢设施，模铸设施（脱、整模设施），（钢锭精整）、车间变电所、修炉设施
2	散状料间	散状料储运
3	脱、整模设施	脱模间、涂油间、整模间
4	钢锭精整设施	
5	变电所	高压配电装置等
6	循环水及水处理设施	新水、净环水、浊环水及水处理设施
7	污泥处理设施	
8	铁合金储存及加工间	
9	粉剂制配间	含保护渣
10	废钢处理设施	废钢切割、打包、落锤、铁皮干燥、炸药检、乙炔间
11	煤气回收设施	煤气柜、加压站
12	修理设施	机、电、仪、计量、运输等修理
13	检化验设施	含风动送样等
14	喷枪制作间	吹氧及精炼用喷枪

续表

序号	子项名称	包含主要内容
15	空压站	
16	锅炉房	或换热站
17	仓库设施	备品备件库、各种材料库
18	渣场	
19	总图运输设施	铁、公路及其辅助设施，平土排水，称量设施，围墙大门，挡土墙
20	综合管线	水、电、风、气、通风等外网
21	厂区生活福利设施	办公楼、食堂、浴室、托儿所或综合楼
22	非标准设备设计	非标准设备、压力容器、除尘设备、电控、PC 编程、工业炉窑、风动送样
23	施工图预算	

注：采用连续铸钢时，上述子项中的模铸设施则改为连铸设施。

（五）电炉炼钢工程子项

序号	子项名称	包含主要内容
1	主车间	废钢配料储放间、冶炼设施、炉变及电控设施、炉外精炼、模铸设施（脱、整模设施）、（钢锭精整）、散状料及铁合金烘烤、余热利用设施、废钢预热、除尘设施、车间变电所、吹氧设施、炉渣间
2	配料间	
3	废钢处理设施	切割、打包、落锤、堆场
4	脱、整模设施	脱模间、涂油间、整模间
5	钢锭处理设施	
6	炉渣处理间	
7	变电所	高压配电装置等
8	循环水及水处理设施	新水、净环水、浊环水及水处理设施
9	铁合金储存及加工间	
10	粉剂制配间	含保护渣
11	散状料间	含堆场
12	修理设施	机、电、仪、计量、运输等修理
13	检化验设施	含风动送样等
14	喷枪制作间	吹氧及精炼用喷枪
15	乙炔站	
16	空压站	
17	锅炉房	
18	仓库设施	备品备件库，各种材料库
19	总图运输设施	铁、公路及其辅助设施，平土排水，称量设施，围墙大门，挡土墙，渣场
20	综合管线	水、电、风、气、通风等外网
21	厂区生活福利设施	办公楼、食堂、浴室、托儿所或综合楼
22	非标准设备设计	非标准设备、压力容器、除尘设备、电控、PC 编程、工业炉窑、风动送样
23	施工图预算	

注：采用连铸时，上述子项中的模铸设施则改为连铸设施。

（六）连续铸锭工程子项

序号	子项名称	包含主要内容
1	主车间	炉外精炼设施、连铸机组、中间包烘烤及修砌、结晶器修理、钢坯精整、除尘设施、（车间变电所）、液压站
2	循环水及水处理设施	新水、净环水、浊环水及水处理设施
3	变电所	高压配电装置等
4	修理设施	机修间、结晶器加工间、电镀车间、抛光间、夹送辊堆焊维修间电、仪修理
5	检化验设施	
6	仓库设施	备品备件库、各种材料库
7	空压站	含无油无水空压站
8	铸坯火焰切割供气设施	乙炔站或（焦炉）煤气净化及加压设施以及氧加压机房
9	总图运输设施	铁、公路及其辅助设施，平土排水，称量设施，围墙大门，挡土墙，渣场
10	综合管线	水、电、风、气、通风等外网
11	厂区生活福利设施	办公楼、食堂、浴室、托儿所或综合楼
12	非标准设备设计	非标准设备、电控、PC 编程
13	施工图预算	

（七）初轧工程子项（包含合金钢轧制）

序号	子项名称	包含主要内容
1	主车间	原料库、均热炉、主轧线、精整线、主电室、变电所、润滑站、液压站、热处理设施、轧辊轴承间、成品库、高压水除鳞设施
2	循环水及水处理设施	新水、净环水、浊环水及水处理设施
3	供酸及废酸处理设施	
4	变电所	高压配电装置等
5	修理设施	机、电、仪、运输修理等
6	检验设施	
7	仓库设施	备品备件库、辅助材料等
8	燃料供应设施	燃料油库、煤气加压站、煤气混合站、供煤设施
9	锅炉房	或换热站
10	空压站	
11	总图运输设施	铁、公路及其辅助设施，平土排水，称量设施，围墙大门，挡土墙，渣场
12	综合管线	各种动力管线、通信管线等
13	厂区生活福利设施	办公楼、食堂、浴室、托儿所或综合楼
14	非标准设备设计	非标准设备、压力容器、工业炉窑、电控、PC 编程
15	施工图预算	

（八）型钢工程子项（包含合金钢轧制）

序号	子项名称	包含主要内容
1	主车间	原料库、加热炉、主轧线、精整线主电室、变电所、润滑站、液压站、酸洗设施、热处理设施、轧辊轴承间、成品间、高压水除鳞设施
2	循环水及水处理设施	新水、净环水、浊环水及水处理设施
3	变电所	
4	维修设施	机、电、仪、运输修理等
5	检化验设施	
6	锅炉站	或换热站
7	空压站	
8	总图运输设施	铁、公路及其辅助设施，平土排水，称量设施，围墙大门，挡土墙，渣场
9	综合管线	各种动力管线、通信管线等
10	厂区生活福利设施	办公楼、食堂、浴室、托儿所或综合楼
11	非标准设备设计	非标准设备、工业炉窑、压力容器、电控、PC 编程
12	施工图预算	

（九）型线材工程子项（包含合金钢轧制）

序号	子项名称	包含主要内容
1	主车间	原料库　加热炉、主轧线、精整线主电室、变电所、润滑站、液压站、酸洗设施、热处理设施、轧辊轴承间、成品间、高压水除鳞设施
2	循环水及水处理设施	新水、净环水、浊环水及水处理设施
3	变电所	高压配电装置等
4	维修设施	机、电、仪、运输修理等
5	检化验设施	
6	仓库设施	备品备件库、辅助材料库等
7	锅炉房	或换热站
8	空压站	
9	总图运输设施	铁、公路及其辅助设施，平土排水，称量设施，围墙大门，挡土墙，渣场
10	综合管线	各种动力管线、通信管线等
11	厂区生活福利设施	办公楼、食堂、浴室、托儿所或综合楼
12	非标准设备设计	非标准设备、工业炉窑、压力容器、电控、PC 编程
13	施工图预算	

（十）线材工程子项（包括合金钢轧制）

序号	子项名称	包含主要内容
1	主车间	原料库、加热炉、主轧线、精整线、主电室、润滑站、液压站、酸洗设施、热处理设施、轧辊轴承间、成品间、高压水除鳞设施
2	循环水	新水、净环水、浊环水及水处理设施
3	锅炉站	或换热站
4	空压站	
5	总图运输设施	铁、公路及其辅助设施，平土排水，称量设施，围墙大门，挡土墙，渣场
6	综合管线	各种动力管线、通信管线等
7	检验设施	
8	轧辊机修间	轧辊加工、机、电、仪修理等
9	仓库设施	备品备件库、辅助材料库等
10	厂区生活福利设施	办公楼、食堂、浴室、托儿所或综合楼
11	非标准设备设计	非标准设备、工业炉窑、压力容器、电控、PC编程
12	施工图预算	

（十一）热轧板、带钢车间子项（包括普通钢、合金钢轧制）

序号	子项名称	包含主要内容
1	主车间	原料库、加热炉、主轧线、精整线、剪切线、酸洗设施、热处理设施、变电所、主电室、润滑站、液压站、轧辊轴承间、成品库、镀层设施、高压水除鳞设施
2	循环水及水处理设施	新水、净环水、浊环水及水处理设施
3	供酸及废酸处理设施	
4	燃料供应设施	燃料油库、煤气加压站、煤气混合站、供煤设施
5	变电所	
6	修理设施	机、电、仪、计量、运输修理等
7	检验设施	
8	保护气体站	
9	镀层间	
10	仓库设施	备品备件库、各种材料库
11	锅炉站	或换热站
12	空压站	
13	总图运输设施	同型钢车间
14	综合管线	水、电、风、气、电信等外网
15	厂区生活福利设施	同型钢车间
16	非标准设备设计	非标准设备、工业炉窑、压力容器、电控、PC编程
17	施工图预算	

（十二）冷轧板、带钢车间子项（包括普通钢、合金钢轧制）

序号	子项名称	包含主要内容
1	主车间	原料库、加热炉、轧制线、平整线、剪切线、酸洗设施、热处理设施、变电所、主电室、润滑站、液压站、轧辊轴承间、成品库、镀层设施、高压水除鳞设施、乳化液站
2	循环水及水处理设施	新水、净环水、浊环水及水处理设施
3	供酸及废酸处理设施	
4	变电所	高压配电装置等
5	修理设施	机、电、仪、计量、运输修理等
6	检验设施	
7	保护气体站	
8	仓库设施	备品备件库、各种材料库
9	镀层间	
10	锌回收设施	
11	燃料供应设施	燃料油库、煤气加压站、煤气混合站、电设施
12	锅炉站	或换热站
13	空压站	
14	总图运输设施	同型钢车间
15	综合管线	水、电、风、气、电信等外网
16	厂区生活福利设施	同型钢车间
17	非标准设备设计	非标准设备、工业炉窑、电控、PC 编程
18	施工图预算	

（十三）热轧中厚板车间子项（包括普通钢、合金钢轧制）

序号	子项名称	包含主要内容
1	主车间	原料库、加热炉、主轧线、精整线、酸洗设施、热处理设施、变电所、主电室、润滑站、液压站、轧辊轴承间、成品库、高压水除鳞设施
2	循环水及水处理设施	新水、净环水、浊环水及水处理设施
3	供酸及废酸处理设施	
4	变电所	高压配电装置等
5	修理设施	机、电、仪、计量、运输修理等
6	检验设施	
7	保护气体站	
8	仓库设施	备品备件库、各种材料库
9	燃料供应设施	燃料油库、煤气加压站、煤气混合站、供煤设施
10	锅炉站	或换热站
11	空压站	

续表

序号	子项名称	包含主要内容
12	总图运输设施	同型钢车间
13	综合管线	水、电、风、气、电信等外网
14	厂区生活福利设施	同型钢车间
15	非标准设备设计	非标准设备、工业炉窑、压力容器、电控、PC 编程
16	施工图预算	

（十四）无缝钢管工程子项

序号	子项名称	包含主要内容
（一）	热轧车间	
1	主车间	原料库、原料准备（剪切标准标尺，探伤及修磨线）、环形炉、再加热热处理炉、主轧线、精整线、主电室变电所、润滑站、液压站、轧辊轴承间、成品库、仪表室
2	循环水及水处理设施	新水、净环水、浊环水及水处理设施
3	变电所	高压配电装置等
4	修理设施	含机、电、仪修理，量具、刀具加工及储存
5	检化验设施	
6	燃料储存及输配设施	
7	仓库设施	备品备件库、各种材料库
8	顶头加工间	
9	锅炉站	
10	空压站	
11	生活福利设施	办公楼、食堂、更衣室及浴室、托儿所、卫生间、通信及调度系统或综合楼
12	综合管线	水、电、风、气、电信等外网
13	总图运输设施	铁路、公路、称量设施，围墙大门，平土排水
14	非标准设备设计	非标准设备、工业炉窑、压力容器、电控、PC 编程
15	施工图预算	
（二）	冷拔（冷轧）车间	
1	主车间	原料库，拔管准备段，拔管机，退火炉，酸洗，主电室，变电所，润滑站，液压站，车间内的煤、气等能源设施，模具或轧辊加工间，操作台、点
2	供酸及酸处理设施	
3	废酸水处理设施	
4	保护气体站	
5	管接头加工间	含推制弯头
	其余同热轧	
6	非标准设备设计	非标准设备、电控、PC 编程
7	施工图预算	

（十五）焊管工程子项

序号	子项名称	包含主要内容
（一）	焊管车间	
1	主车间	原料库、原料准备（纵剪）、焊接机组、精整（矫直、平头、水压试验）、主电室、变电所、润滑站、液压站、工具间、成品库、操作室（点）
2	循环水及水处理设施	新水、净环水、浊环水及水处理设施
3	变电所	高压配电装置等
4	修理设施	机、电、仪修理，量具、刀具、运输修理
5	检化验设施	
6	保护气体站	
7	仓库设施	备品备件库、各种材料库
8	管接头加工间	
9	锅炉站	
10	空压站	
11	生活福利设施	办公楼、食堂、更衣室及浴室、托儿所、卫生所、通信及调度系统或综合楼
12	综合管线	水、电、风、气、电信等外网
13	总图运输	铁路、公路、称量设施，围墙大门，平土排水
14	非标设备设计	非标设备、压力容器、电控、PC 编程
15	施工图预算	
（二）	镀管车间	
1	主车间	原料库、酸洗、水洗、溶剂、锌锅及加热炉、外吹、内吹、检查、除尘设施、主电室、操作室（电）、成品库
2	供排水设施	
3	废酸处理（再生）	
4	熔剂制备间	
5	锌库	
6	循环水设施	新水泵站、含废酸水处理设施、含锌废水处理设施
7	空压站	
8	锅炉房	生产及生活用
9	变电所	
10	锌回收	
11	修理设施	机、电修理，易损件制备等
12	检化验设施	
13	燃料供应设施	
14	仓库设施	备品备件库、材料库
15	生活福利设施	办公楼、食堂、更衣室、浴室、托儿所、卫生所、通信及调度系统或综合楼
16	综合管线	水、电、风、气、电信等外网
17	总图运输设施	铁路、公路、称量设施，围墙，大门，平土排水
18	非标准设备设计	非标准设备、压力容器、工业炉窑、电控、PC 编程
19	施工图预算	

（十六）金属制品工程子项

序号	子项名称	包含主要内容
1	主车间	酸洗、热处理、拉丝、变电室、配电室、修模间、原料库、成品库、检化验室、润滑冷却液循环系统、通风除尘系统
2	镀层车间	热镀线、电镀线、变电配电室、热镀炉钢丝库、检化验室、药品库、镀液循环系统、通风除尘系统
3	钢丝绳车间	钢丝库、打轴间、捻股、合绳、钢芯、防锈润滑、油脂加热熔化系统、麻芯库、包装及成品库、检验室、配电所
4	芯绳车间	纤维芯坯库、捻股、捻绳、烘房干燥系统、浸油系统、麻芯库
5	燃料油库	油库
6	锅炉站	
7	空压站	
8	循环水及水处理设施	新水、净环水、浊环水及水处理设施
9	变电所	高压配电装置等
10	检化验设施	
11	修理设施	机、电、仪、计量、运输修理
12	供酸及废酸处理设施	
13	仓库设施	备品备件库、辅助材料库等
14	总图运输设施	同机修厂
15	综合管线	同机修厂
16	厂区生活福利设施	同机修厂
17	非标准设备设计	非标准设备、压力容器、工业炉窑、电控、PC编程
18	施工图预算	

（十七）机修厂工程子项

序号	子项名称	包含主要内容
1	机加工车间	
2	铸造车间	铸铁、铸钢、有色铸造、模型及辅助设施
3	锻造车间	锻锤、水压机及辅助设施
4	铆焊车间	
5	热处理车间	
6	机床修理车间	
7	生产工具车间	
8	表面处理车间	电镀、涂层
9	计量室	
10	设备诊断室	
11	循环水水处理设施	新水、净环水、浊环水及水处理

续表

序号	子项名称	包含主要内容
12	变电所	
13	空压站	
14	锅炉房	
15	乙炔站	
16	废酸处理设施	
17	检验设施	
18	燃料油库及化学药品库	
19	露天栈桥	
20	总图运输设施	平土排水、铁公路、汽车库、地磅房及辅助设施
21	综合管线	各专业管线
22	厂区生活福利设施	办公楼、浴室、食堂或综合楼
23	非标准设备设计	非标准设备、工业炉窑等
24	施工图预算	

（十八）锻钢厂工程子项

序号	子项名称	包含主要内容
1	锻钢车间	原料跨、锻造跨、热处理跨、炉子跨、工具间、酸洗间、成品堆砌、变电室、（高压泵房）、机修间、维修间、（露天栈桥）
2	循环水设施	高压泵房、循环水池等
3	变电所	
4	修理设施	机、电、仪、运输修理等
5	检验设施	
6	锅炉房	
7	空压站	
8	供酸及废酸处理设施	
9	露天栈桥	
10	燃料供应及药品库	
11	总图运输设施	同机修厂
12	综合管线	同机修厂
13	厂区生活福利设施	同机修厂
14	非标准设备设计	非标准设备、工业炉窑
15	施工图预算	

（十九）轧辊厂工程子项

序号	子项名称	包含主要内容
1	露天栈桥	原料堆场

序号	子项名称	包含主要内容
2	轧辊加工间	准备、加工、磨刀间，工具材料库等
3	铸铁轧辊车间	型砂、熔炼、造型、浇铸、清整、模型库、砂处理等
4	驻港轧辊车间	
5	锻造轧辊车间	原料堆放、锻造、加热炉、热处理、检查等
6	热处理车间	准备、热处理、检查、油库及辅助设施
7	循环水设施	新水、净环水、浊环水及水处理
8	变电所	
9	修理设施	机、电、计器、仪表、运输修理等
10	检化验设施	
11	锅炉房	
12	空压站	
13	仓库设施	备品备件库、辅助材料库等
14	环保监测站	
15	通风、除尘设施	
16	总图运输设施	同机修厂
17	综合管线	同机修厂
18	厂区生活福利设施	同机修厂
19	非标准设备设计	非标准设备、工业炉窑、除尘设备
20	施工图预算	

（二十）铸管厂工程子项

序号	子项名称	包含主要内容
1	铸铁车间	炉料堆放、熔炼、铁水预处理、浇铸、精整、变电所、化验室、工具材料库等
2	循环水设施	新水、净环水、浊环水及水处理
3	变电所	
4	修理设施	机、电、计量、运输修理等
5	检化验设施	
6	锅炉房	
7	空压站	
8	热处理	
9	水压试验	
10	涂水泥内衬设施	
11	涂沥青设施	
12	通风、除尘设施	
13	仓库设施	备品备件库、辅助材料库等
14	环保监测站	

续表

序号	子项名称	包含主要内容
15	总图运输设施	同机修厂
16	综合管线	同机修厂
17	厂区生活福利设施	同机修厂
18	非标准设备设计	非标准设备、除尘设施、工业炉窑、电控
19	施工图预算	

（二十一）修建设施工程子项

序号	子项名称	包含主要内容
1	修理安装车间	
2	建筑修理设施	
3	搅拌站	
4	冶金炉修理设施	
5	金属结构车间	
6	循环水设施	
7	变电所	
8	修理设施	
9	锅炉房	
10	总图运输设施	同机修厂
11	综合管线	同机修厂
12	厂区生活福利设施	同机修厂

（二十二）运输修理设施工程子项

序号	子项名称	包含主要内容
1	机车修理库	中、小修
2	内燃机修理库	中、小修
3	车辆修理库	大、小修
4	特种车辆修理库	大、小修
5	汽车修理	大、中、小修
6	重型机械（装卸机械）修理库	大、中、小修
7	循环水设施	
8	变电站	
9	空压站	
10	锅炉房	
11	检查站	
12	总图运输设施	平土排水、停车场、粗平土、车库等
13	综合管线	各种动力管线、通信线路

序号	子项名称	包含主要内容
14	厂区生活福利设施	同机修厂
15	非标准设备设计	非标准设备、工业炉窑
16	施工图预算	

（二十三）中心实验室工程子项

序号	子项名称	包含主要内容
1	实验室主楼	
2	循环水设施	
3	变电所	
4	机加工车间	
5	通风机室	
6	锅炉房	
7	化学药品库	
8	仓库设施	辅助材料库
9	总图运输设施	平土排水、汽车库、门卫、围墙等
10	综合管线	各种动力管线、通信管线
11	厂区生活福利设施	食堂、浴室、办公楼或综合楼
12	施工图预算	

（二十四）热电站（锅炉房）工程子项

序号	子项名称	包含主要内容
1	供煤设施	含受卸设施、供煤系统
2	主车间	含汽机、锅炉、主控楼
3	水利除灰	除尘设施、除灰系统
4	循环水设施	新水、净环水、浊环水及水处理设施
5	化学水处理站	化学水处理系统、化验室
6	维修间	机、电修理
7	材料库	备品备件库、辅助材料库等
8	总图运输设施	平土排水、停车场、粗平土、车库等
9	综合管线	各种动力管线、通信线路
10	非标准设备设计	非标准设备、压力容器、除尘设备、电控、PC 编程
11	施工图预算	

（二十五）煤气发生站工程子项

序号	子项名称	包含主要内容
1	供煤设施	煤场、破碎、筛分、机械化装置
2	煤气炉房、煤气净化设施	煤气炉、蒸汽减压、排灰、整流机室、焦油设施、检化验室

续表

序号	子项名称	包含主要内容
3	煤气加压和空气鼓风设施	煤气加压站、鼓风机站
4	变电所	
5	循环水设施	沉淀池、水泵房、冷却塔、水处理
6	维修设施	机修间、铆焊间、维修间、建修、煤气防护等
7	化检设施	
8	环保监测站	环保监测、安全与卫生
9	仓库设施	各种材料、备品备件库
10	总图运输设施	铁、公路，平土排水，汽车库，门卫，围墙等
11	综合管线	各种动力管线、通信管线
12	站区生活福利设施	食堂、浴室、休息室、办公楼或综合楼
13	非标准设备设计	非标准设备、压力容器、电控、PC 编程
14	施工图预算	

（二十六）氧气站子项

序号	子项名称	包含主要内容
1	主车间	空压、空分、氧压站（氮压站）（贮罐设施）（化验室）
2	储罐设施	
3	氮压间	
4	充瓶间	
5	稀有气体提取设施	
6	制氧间	
7	循环水设施	新水、净环水、浊环水等
8	机修、化验设施	机、电、仪表修理，中心化验室及车间化验室
9	珠光砂仓库	珠光砂仓库
10	润滑油库	
11	仓库设施	各种材料库、备件备品库
12	总图运输设施	站区公路及辅助设施、平土排水、围墙大门、汽车库等
13	站区综合管线	各种动力管线、通信线路
14	站区生活福利设施	办公楼、食堂、浴室或综合楼
15	非标准设备设计	压力容器、电控、PC 编程
16	施工图预算	

（二十七）其他工程子项（单项工程）

序号	子项名称	包含主要内容
1	煤气柜	全厂性（含非标准设备设计）

续表

序号	子项名称	包含主要内容
2	煤气加压站	全厂性或区域性（含非标准设备设计）
3	空压站	含非标准设备设计
4	乙炔站	含非标准设备设计
5	燃油库	含非标准设备设计
6	总降压变电所	全厂性或区域性（含非标准设备设计）
7	电话站	全厂性或区域性
8	电修	全厂性或区域性
9	仪表维修	全厂性
10	环保监测站	全厂性
11	供水设施	全厂性
12	污水处理	全厂性（生活污水）
13	仓库设施	含总杂品仓库、备品备件库、设备库、化学药品库、钢锭库、钢材库、铁合金库、耐火材料库、润滑油库、汽油柴油库、危险品仓库
14	全厂性总图运输设施	粗平土、铁路信号、站房、扳道房、地磅房、平土排水、汽车库、消防车库、绿化挡土墙
15	全厂性综合管线	煤气管线，蒸汽管线，压缩空气管线，氮气、氧气管道，供排水管道，通信线路，供电线路等

总图运输专业施工图阶段设计子项组成图纸名称

序号	设计子项	图纸名称		可否分区分批出图	附注
		主要图纸	其他图纸		
1	场地平土设计	场地平土施工图			
2	建（构）筑物定位				
3	铁路施工设计（厂外、厂内）	铁路线路平面图	线路纵断面图	可分区或按线号划分而分批出图	
			线路横断面图		
			排水构筑物、边坡防护图		
		铁路车站平面图	站场横断面图		
			排水构筑物、边坡防护图		
4	道路施工设计（厂外、厂内）	道路平面图	道路路线纵断面图	可分区或按线号划分而分批出图	
			道路路线横断面图		
			结构断面图		
			排水构筑物、边坡防护图		

续表

序号	设计子项	图纸名称		可否分区分批出图	附注
		主要图纸	其他图纸		
5	场地排水设计	场地排水面	场地断面图	可分区或按线号划分而分批出图	
			边坡防护图		
			排水构筑物结构图		
6	以总图专业为主体的其他有关设施的设计项目	运输建（构）筑物	消防车库	可分区或按线号划分而分批出图	
		站房、板道房、道口房	围墙大门、警卫室		
		养路工房、汽车停放房			
		洗车台、检查坑、机车整备设施			
		铁路汽车地磅房			
		机车转盘、道岔等设计图纸			
7	管网综合设计	综合管网平面图	通道断面图	可	
8	绿化设计	绿化布置图		可	
9	总平面布置图	总平面布置图		最后一次出图	按具体情况确定

说明:

1. 本表为总图运输专业在施工图阶段的主要涉及项目和图纸名称。

2. 根据企业规模和实际情况，对表列项目可有所增减。

3. 在施工图设计阶段中，建（构）筑物的定位是总图设计中一个非常重要和繁重的工作项目，虽然最终仅仅是在土建图上签上建（构）筑物的坐标、标高。但在此之前要做大量的工作，首先就是要在审批后的初步设计总平面图的基础上，根据场地的地形、地物、地质条件以及工艺要求、运输线路连接、管线走向、预留通道的估算、各种规程规范的要求等，综合考虑每个建（构）筑物的平面布置和竖向布置，然后在此基础上进行坐标计算。计算中要找准算点的原始数据，联系建（构）筑物的长度和角度关系，此后才能结算。标高的确定有的可直接确定，有的还需推算。

附录2 钢铁企业工程设计非标准设备范围

一、原料场工艺部分非标准设备

(一) 机械化设施

序号	设备名称	序号	设备名称
1	(各类、型) 输送机	18	取样机
2	(各类、型) 给料机	19	振动运输机
3	布料机	20	装卸料设备
4	车辆高度检测装置	21	架空索道
5	料仓水平承载装置	22	除尘器
6	各种电动或手动闸门	23	过滤器
7	各种特殊结构的电动双滚筒卸料车	24	分料装置
8	多通路卸料车	25	布料器
9	取样机及附属装置	26	采样装置
10	除水器	27	滚筒式混匀取料机
11	堆料机	28	定量配料装置
12	冲洗汽车设备	29	旋转溜槽电动卸料车
13	电动三通翻斗	30	电动翻板三通
14	振动筛移动小车	31	旋转卸料车贮矿槽密封装置
15	各种漏斗、溜槽	32	卸料车贮焦槽密封装置
16	单倾电动卸料车	33	风力输送发射接受装置
17	筛前翻板	34	倾动装置

(二) 仓库设施

序号	设备名称	序号	设备名称
1	电动平板机	7	电动或气动闸门
2	货物提升机	8	卸油鹤管
3	立式油罐	9	罐桶装置
4	卧式油罐	10	滚道
5	油罐附属设备	11	洗桶机
6	滤油器	12	其他油库设备

二、炼铁工艺部分非标准设备

(一) 炉体设备

序号	设备名称	序号	设备名称
1	炉体冷却设备	4	炉喉钢圈
2	炉喉钢砖	5	炉喉测温装置
3	炉喉煤气取样器	6	炉喉保护板

续表

序号	设备名称	序号	设备名称
7	进风口弯管及风口装置	13	炉顶探瘤孔
8	渣口设备	14	炉体风口装置
9	铁口框	15	炉顶铁口装置
10	围管吊挂	16	膨胀罐
11	炉顶煤气温度探测器	17	炉壳
12	炉顶蒸汽喷水装置		

（二）炉顶设备

序号	设备名称	序号	设备名称
1	无料钟装料设备	14	炉顶移动料罐
2	炉顶装料设备	15	炉顶固定漏斗
3	炉顶受料斗	16	炉顶液压站
4	炉顶布料器	17	炉顶液压传动装置
5	炉顶探料装置	18	炉顶滑轮
6	炉顶保护板	19	炉顶更换设备人孔
7	炉顶放散阀	20	炉顶安装小车和主卷扬机
8	炉顶喷水降温装置	21	炉顶煤气放散装置
9	炉顶悬臂吊车	22	炉顶均压放散阀消声器
10	炉顶均压装置	23	炉顶用波纹补偿器
11	炉顶节流阀	24	储气罐
12	炉顶颚式阀	25	可调用炉喉装置
13	炉顶密封装置	26	上升管、下降管

（三）风口平台及出铁厂设备

序号	设备名称	序号	设备名称
1	铁口泥炮	11	闸门
2	开铁口机	12	沟罩
3	换风口设备	13	主铁沟揭盖机
4	堵渣机	14	放风阀卷扬机
5	活动砂口	15	混铁车轨道衡
6	活动主沟	16	压缩空气气包
7	摆动流嘴及传动装置	17	蒸汽汽包
8	渣沟活动盖板	18	滑轮
9	摆动铁沟	19	渣盘
10	渣铁沟		

（四）原料储存及供料系统设备

序号	设备名称	序号	设备名称
1	手动矿槽闸门	7	运托辊小车
2	烧结矿电动给料器	8	料车及料车卷扬机
3	烧结矿振动筛	9	沟下布料装置
4	各种漏斗、闸门	10	料车更换装置
5	烧结矿皮带机检废铁装置	11	绳轮
6	焦炭溜槽		

（五）热风炉设备

序号	设备名称	序号	设备名称
1	热风阀	11	热风炉系统法兰
2	放风阀	12	膨胀罐
3	消声器	13	热风炉烟气预热器
4	切断阀	14	煤气燃烧器
5	充压阀	15	烟道闸
6	闸板阀	16	冷风阀
7	燃烧阀	17	调节阀
8	煤气阀	18	废气阀
9	热风炉炉箅子及支柱	19	热风炉看火孔
10	波纹补偿器	20	炉壳

（六）粗煤气管道及除尘设备

序号	设备名称	序号	设备名称
1	放散阀	6	滑轮
2	卷扬机	7	遮断阀
3	V 形阀	8	清灰阀
4	搅拌机	9	除尘器、脱水器等壳体
5	波纹补偿器		

（七）炉渣处理设施设备

序号	设备名称	序号	设备名称
1	粒化头、转鼓折叠式皮带机	6	水渣运输机
2	渣沟衬板	7	打渣壳机
3	渣浆转换装置	8	撞罐机
4	闸板	9	翻罐溜槽
5	喷水嘴		

（八）铸铁机及生铁块仓库

序号	设备名称	序号	设备名称
1	抓斗、吊斗、小平车	7	铸铁机除尘罩
2	簸箕	8	溜槽、漏斗
3	滑轮	9	集水包
4	拉紧装置	10	灰浆喷洒装置
5	吊具	11	铸铁机及倾翻前方支柱
6	生铁场吊斗开合装置		

（九）碾泥机室设备

序号	设备名称	序号	设备名称
1	滑动阀板	9	成型机
2	管式输送机	10	焦油罐
3	转换流嘴	11	成品箱
4	称量漏斗	12	手拉链式调节器
5	旋转皮带机	13	布袋除尘器
6	碾泥机	14	气包、汽包
7	卷扬式吊斗机	15	过滤器
8	圆盘卸料机	16	储槽

（十）混铁车内衬修配设施

序号	设备名称	序号	设备名称
1	混铁车烘烤装置	3	残渣、残铁箱
2	混铁车冷却装置		

（十一）热力设施设备

序号	设备名称	序号	设备名称
1	布袋式空气过滤器	8	除污器
2	补充油箱	9	汽化冷却设施
3	事故排油箱	10	气缸、储气罐
4	轴流式二次滤网	11	各种消声器
5	疏水箱	12	阀门传动装置
6	软水箱	13	循环水过滤器
7	冷凝水箱		

（十二）燃气设施设备

序号	设备名称	序号	设备名称
1	煤气净化设施	7	煤气放散阀
2	煤气阀	8	煤气燃烧器
3	煤气柜及加压装置	9	煤气脱水器
4	煤气切断阀	10	煤气膨胀器
5	煤气调节阀	11	密封装置
6	煤气升温装置		

（十三）通风设施设备

序号	设备名称	序号	设备名称
1	出铁场烟罩	2	各种除尘器

（十四）供排水设施设备

序号	设备名称	序号	设备名称
1	管道过滤器	7	酸雾吸收器
2	滑阀	8	螺杆启闭机
3	钢板阀	9	钢闸板
4	自动放水滤液罐	10	铸铁滑阀
5	气水分离桶	11	搅拌机
6	真空过滤机卸料斗	12	高炉煤气洗涤泥浆处理设施

三、炼铁喷吹（煤）系统非标准设备

（一）炼铁设备

序号	设备名称	序号	设备名称
1	煤粉过滤器	9	喷枪弹子阀
2	混合器	10	反吹收尘器
3	软连接	11	排料阀
4	活动煤粉仓及原煤仓	12	汽缸
5	分配器及流化器	13	防爆装置
6	烟道闸板阀	14	换向阀
7	鼓形补偿器	15	塞头阀
8	喷枪装置		

（二）机械化设施设备

序号	设备名称	序号	设备名称
1	制粉工艺设备	4	电动翻动闸门
2	磨粉机木块分离器	5	木屑分离器
3	锁气器	6	防爆孔

（三）燃气设施设备

序号	设备名称
1	氮气储罐及气包

（四）热力设施设备

序号	设备名称	序号	设备名称
1	喷吹罐	3	压缩空气储罐及气包
2	烟气炉		

注：电气、自动化设施设备详见公用辅助设备。

四、铁合金工艺部分非标准设备

（一）铁合金设备

序号	设备名称	序号	设备名称
1	铁合金炉炉壳	17	水冲渣设备
2	烟罩（或炉盖）	18	成品破碎设备（加强力破碎机）
3	电极把持器	19	称量斗
4	液压系统	20	布料车
5	压放系统	21	输储料设备
6	升降系统	22	滑轮
7	水冷系统	23	阀门
8	捣炉加料机	24	挡板
9	出铁口排烟系统	25	烧穿器
10	上料系统：包括料车、配料小车	26	合金盘
11	开、堵出铁口设备	27	渣盘
12	短网及电控热工测量系统	28	自卸箱
13	铁水包（渣包）小车	29	电极糊处理设备
14	各种卷扬设备	30	锭模
15	龙门钩	31	门型吊钩
16	浇铸设备	32	料仓与料管

（二）机械化设施设备

序号	设备名称	序号	设备名称
1	给料机	5	钢屑破碎提升机
2	振动器	6	钢屑运出链板机
3	（平板、电动）闸门	7	皮带机
4	固定条筛	8	输配料设备

（三）采暖通风设施设备

序号	设备名称	序号	设备名称
1	袋式除尘器	4	空气过滤器
2	自然空冷器	5	空气热交换器
3	混风阀	6	排烟罩

（四）热力设施设备

序号	设备名称	序号	设备名称
1	余热锅炉	4	空气换热器
2	汽包	5	汽水、水加热器
3	蓄热器		

（五）机械设施设备

序号	设备名称
1	电极壳压筋机

注：电气、自动化设施设备详见公用辅助设备。

五、转炉炼钢工艺部分非标准设备

（一）主厂房设备

序号	设备名称	序号	设备名称
1	渣盘	9	防溅罩
2	渣块夹钳	10	冷风蝶阀
3	卸粉器	11	叶轮给料器
4	储料仓	12	罐车倾翻装置液压系统及泵站
5	发送罐	13	脱硫喷枪传动装置
6	喉口变换装置	14	转炉体及倾动装置
7	块料仓	15	吹氩、吹氧装置
8	脱硫喷枪	16	混铁炉及传热装置

续表

序号	设备名称	序号	设备名称
17	化铁炉料车及卷扬	44	吹氧管氮封口
18	炉底车及钢水罐车	45	钢水罐及吹风冷却装置
19	锭模拨车机	46	钢锭模水浴钢箱
20	涂油机	47	给料器
21	喷粉装置	48	胶带运输机
22	氧枪升降横移装置	49	扒渣机
23	散状料供料设备	50	取样孔挡火板
24	汽化冷却活动烟罩	51	氧道用连接器
25	烟罩提升装置	52	气动闸板阀
26	地上装料机	53	钢包
27	气动插板阀及翻板阀	54	钢水罐烘烤器
28	各种挡板、料罐	55	钢水罐前方支柱
29	料槽、漏斗	56	钢水罐溜槽
30	事故滑轮	57	翻罐板钩
31	气动扇形阀	58	滑动水口
32	钢包车	59	钢水罐车
33	加料小车	60	开式垃圾箱
34	称量车	61	转炉炉下渣箱
35	石灰小车	62	夹钳
36	双流道氧枪	63	钢锭模排钩
37	吹氧管倒放小车	64	汽化冷却烟道
38	转炉复吹供气装置	65	取样冷却器
39	放尘装置	66	矩形手动可调溢流文氏管
40	转炉炉后封闭门	67	可调喉口文氏管
41	挡渣板	68	弯头脱水器
42	转炉平台梁铸铁保护板	69	水雾分离器
43	电缆拖链		

（二）机械化设施部分

序号	设备名称	序号	设备名称
1	电磁振动给料机及附件	3	卸料车通风除尘管道机卸料口密封
2	胶带机		

（三）热力设施设备

序号	设备名称	序号	设备名称
1	转炉汽化冷却装置	2	汽包、蓄热器

序号	设备名称	序号	设备名称
3	分汽缸	6	空气预热器
4	废油收集箱	7	汽水、水加热器
5	消声器		

（四）燃气设施设备

序号	设备名称	序号	设备名称
1	水分离器	11	烟气净化回收设备
2	氧气接头箱	12	阀门操纵装置
3	乙炔接头箱	13	管道防火器
4	氩气接头箱	14	阻火器
5	地下氢气管道排水器	15	氧气球罐
6	汽化冷却装置	16	立式筒形压力储气罐
7	消烟除尘系统	17	地下乙炔管道冷凝水排水器
8	煤气洗涤泥浆处理设施	18	三级鼓形膨胀器
9	排烟罩	19	氩气除渣罐
10	密封罩		

（五）钢包喷粉站

序号	设备名称	序号	设备名称
1	双叉下料溜管	8	喉口变换器
2	储料仓	9	引喷器
3	喷粉、吹氩枪	10	叶轮给料器
4	回收罐	11	发送罐
5	喷粉吹氩枪升降旋转装置	12	四通电磁气路控制台
6	钢包盖升降装置	13	清罐烟罩
7	排烟罩	14	钢水罐车事故滑轮

注：电气、自动化设施详见公用辅助设备。

六、电炉工艺部分非标准设备

（一）主厂房设备

序号	设备名称	序号	设备名称
1	电炉装料设备	5	铁合金称量斗
2	烘烤加热设备	6	胶带运输机
3	手动插板阀	7	各种漏斗、溜管
4	散状料称量斗	8	给料器

续表

序号	设备名称	序号	设备名称
9	高位料仓	34	主焦油器
10	粉料输送装置	35	炉衬打结装置
11	粉料发送罐	36	真空处理设备
12	双孔球阀	37	搅拌机
13	料罐	38	悬挂式罐砂小车
14	电炉高位料仓称量斗	39	钢包烘烤装置
15	水冷气动闸板阀	40	钢锭模镦模器
16	电炉炉盖受料装置	41	夹钳
17	电炉炉壳支座	42	烘烤器
18	电极接头装置	43	盛钢桶横梁
19	粉料料仓	44	涂油机
20	炉壳吊具	45	缓冷坑盖
21	吹氧管小车	46	塞棒矫直机
22	挡火板	47	粉料加工及运送设备
23	除尘罩装置	48	炉外精炼设备
24	盛钢桶	49	给料机
25	滑动水口	50	气动颚式阀
26	液压站	51	粉料发送罐
27	扒渣机	52	开式垃圾箱
28	喷枪	53	快速接头
29	喷吹烟罩及升降装置	54	通气罩
30	扒渣烟罩	55	换向阀
31	储料给料系统	56	气动真空挡板下料球阀
32	喷枪干燥系统	57	电弧炼钢炉废钢预热装置
33	渣罐龙门钩支柱		

（二）热力设施设备

序号	设备名称	序号	设备名称
1	气动输送器	5	电炉烟气冷却系统
2	圆形插板阀	6	汽包
3	矩形插板阀	7	余热锅炉系统
4	双波补偿器	8	汽化器

（三）燃气设施设备

序号	设备名称	序号	设备名称
1	燃气管道法兰	2	法兰盖

（四）供排水设施设备

序号	设备名称
1	软水处理设施

（五）通风设施设备

序号	设备名称	序号	设备名称
1	电炉排烟罩	3	布袋除尘器
2'	冷却器	4	电除尘

（六）锅炉房设备

序号	设备名称	序号	设备名称
1	消声器	7	三轴方风门
2	圆风门、方风门	8	胶带输送机
3	圆、方形蝶阀杠杆直接传动装置	9	煤斗车
4	方、圆形单波补偿器	10	分离器及附件
5	方、圆形双波补偿器	11	双向闸门
6	矩形、圆形单波补偿器		

（七）易燃油库设备

序号	设备名称	序号	设备名称
1	卧式油罐	5	油过滤器
2	缓冲油罐	6	真空罐
3	油气分离器	7	浮球阻油器
4	防火通风口		

（八）铁合金库设备

序号	设备名称	序号	设备名称
1	开式料罐	5	气动颚式阀
2	铸铁饼机	6	气缸
3	化铁炉	7	胶带运输机
4	振动筛及溜管	8	单向扇形阀

（九）粉料加工间设备

序号	设备名称	序号	设备名称
1	粉料箱	2	粉料干燥炉

序号	设备名称	序号	设备名称
3	振动给料机进出料口密封装置	8	三通气动翻板阀
4	球磨轮碾系统溜槽	9	密封扇形阀
5	水玻璃液系统	10	混砂机密封罩
6	平板车	11	轮碾机密封罩
7	称量车	12	振动筛及分配漏斗

注：电气、自动化设施设备详见公用辅助设备。

七、连续铸锭工艺部分非标准设备

序号	设备名称	序号	设备名称
1	连铸机包括在线设备	14	切头切尾收集运输装置
2	出坯夹具	15	引锭头更换平台
3	中间罐倾翻装置	16	引锭杆
4	结晶器存放架及装配台架	17	输送出坯辊道
5	各种吊具	18	冷床
6	渣盘	19	铸坯夹具
7	吹氮（氩）枪芯棒矫直机	20	事故钢水罐
8	吹氮（氩）枪升降旋转机构及存放更换小车	21	吹氩枪
9	钢水罐座架	22	吹氩枪更换装置
10	防热保护板	23	升降挡板及固定挡板
11	结晶器保护罩	24	干、稀油润滑装置
12	操作箱悬臂架	25	液压站
13	铸坯导向及喷水装置	26	连铸平台

注：电气、自动化设施设备详见公用辅助设备。

八、轧钢工艺部分非标准设备

序号	设备名称	序号	设备名称
1	各种轧钢车间的原料准备与加工设备	[2]	冷轧机
2	各种加热炉及其辅助设备	[3]	平整机
[1]	加热炉	[4]	均整机
[2]	均热炉	[5]	定减径机
[3]	热处理炉	[6]	冷拔机
3	装出料机械	[7]	冷弯成型机
4	回转台	[8]	挤压机
5	各种轧钢车间的主轧线设备和辅助设备，包括液压润滑系统、水冷与风冷系统	[9]	旋压机
[1]	热轧机	[10]	开卷机

续表

序号	设备名称	序号	设备名称
[11]	卷取机	7	除鳞机
[12]	吐丝机	8	修磨抛光机
[13]	升降机	9	清理扒光机
[14]	翻钢机	10	去油机
[15]	推床	11	涂漆、涂油、涂层、镀层设备
[16]	各种辊道	12	转盘
[17]	剪切对焊机	13	专用吊盘
[18]	活套形成器	14	各种存放架
[19]	储套设备	15	过跨设备
[20]	运输机	16	导卫装置
[21]	折断机	17	各种罐、槽
[22]	切割机	18	保护气体发生装置及其附属设备
[23]	铡刀机	19	废酸处理及回收设备
[24]	均整机	20	快速换辊装置
[25]	飞剪	21	各种安装防震、消防灭火、环保卫生的非标准设备等
[26]	锯断机	22	加热炉汽化冷却设备
[27]	飞锯	23	消声器
[28]	压切机	24	预热器
[29]	测长定尺机	25	余热利用设备
[30]	划线机	26	余热锅炉系统
[31]	各种台架、盖板、挡板	27	罩式炉钢结构平台
[32]	酸洗机组包括酸洗槽及供排酸系统等	28	钢卷运输线
6	钢材清整设备		

注：电气、自动化设施设备详见公用辅助设备。

九、铸管工艺部分非标准设备

序号	设备名称	序号	设备名称
1	铸管设备	3	退火炉
[1]	制芯间的砂处理设备	4	养生炉
[2]	干燥炉	5	沥青喷涂装置
[3]	铸管精整作业线设备	6	各种渣盘、漏斗、料箱等
2	水泥砂浆准备装置：水泥、砂子的储存、输送、称量等		

注：电气、自动化设施设备详见公用辅助设备。

十、机修设施工艺部分非标准设备

序号	设备名称	序号	设备名称
1	机车检修、架修设备	7	装、出料机
2	零件清洗装置	8	锻造操作机
3	淬火设备及辅助设备	9	风动送样装置
4	水爆和水利清砂设备	10	砂处理装置
5	烟管清洗设备	11	熔炼设备
6	除锈机		

注：电气、自动化设施设备详见公用辅助设备。

十一、燃气设施部分非标准设备

（一）煤气净化设施设备

序号	设备名称	序号	设备名称
1	电除尘器	5	灰泥捕集器
2	洗涤塔、文氏管	6	消声器
3	除尘设施	7	燃烧放散装置
4	脱水器		

（二）氧气站

序号	设备名称	序号	设备名称
1	压力储罐（立式、球形）	3	氧气过滤器
2	低压缓冲罐	4	放散消声器

（三）保护气体站

序号	设备名称	序号	设备名称
1	除氧器	3	压力储罐
2	干燥器	4	热交换器

（四）油库

序号	设备名称	序号	设备名称
1	油罐及附件	3	过滤器
2	加热器	4	油的装卸设备

（五）煤气站

序号	设备名称	序号	设备名称
1	旋风除尘器	4	电捕焦油器
2	切断水封	5	捕滴器
3	洗涤塔	6	防爆阀

续表

序号	设备名称	序号	设备名称
7	空气插板阀	9	出渣皮带
8	水利逆止阀		

（六）煤气管道

序号	设备名称	序号	设备名称
1	膨胀器	2	排水器

（七）水煤气站

序号	设备名称	序号	设备名称
1	蓄热除尘器	4	烟囱除尘器
2	竖管集尘器	5	洗涤塔
3	废热锅炉	6	蒸汽缓冲罐

十二、公用辅助设备非标准设备

（一）热力专业设备

序号	设备名称	序号	设备名称
1	硅铁电炉余热锅炉	8	废油收集箱
2	加热炉余热锅炉及汽化冷却设施	9	消声器
3	高炉汽化冷却设施	10	空气预热器
4	转炉汽化冷却设施	11	汽水、水加热器
5	汽包	12	除渣装置
6	蓄热器	13	余热利用装置
7	分汽缸	14	各种阀及传动装置

（二）供排水专业设备

序号	设备名称	序号	设备名称
1	压力过滤器	5	软水处理设备
2	盖板阀	6	循环水过滤器
3	污水污泥处理设备	7	酸雾吸收器
4	洗涤泥浆处理设备		

（三）通风专业设备

序号	设备名称	序号	设备名称
1	各种排烟罩	2	冷却器

序号	设备名称	序号	设备名称
3	除尘设备	10	吸收塔
4	储灰包	11	毒气过滤器
5	粉尘加湿机	12	消声器
6	粉尘输送设备	13	减震装置
7	脱水器	14	波形及波纹伸缩器
8	抽雾器	15	汽化冷却烟罩及传动装置
9	有害气体处理洗涤器	16	螺旋输送机

（四）燃气专业设备

序号	设备名称	序号	设备名称
1	煤气储柜	11	油贮罐
2	汽包	12	脱萘塔
3	气包	13	煤气净化设施
4	水球阀	14	灰泥捕集器
5	最大阀	15	水雾捕集器
6	水利逆止阀	16	燃烧器
7	调节装置	17	膨胀器
8	除滴器	18	储罐
9	旋风分离器	19	排烟罩、密封罩
10	水封	20	烟气净化回收设备

（五）工业炉专业设备

序号	设备名称	序号	设备名称
1	各种工业炉窑	[3]	退火炉
[1]	加热炉	[4]	均热炉
[2]	热处理炉	[5]	各种炉窑的附属设备

（六）电气专业设备

序号	设备名称	序号	设备名称
1	自动控制静电电容器屏	5	短网、烧穿母线设计
2	各种配电箱	6	各种控制屏
3	各种操作台	7	各种设备的电控设计
4	各种控制柜、控制箱	8	计算机的应用设计

（七）自动化专业设备

序号	设备名称	序号	设备名称
1	仪控设计	4	操作台
2	成套设备的补配套仪表设备	5	差压变送器
3	各种形式盘、箱、柜	6	计算机的应用设计

附录3　工程设计收费有关资料

国家计委、建设部关于发布
《工程勘察设计收费管理规定》的通知
计价格〔2002〕10号

国务院各有关部门，各省、自治区、直辖市计委、物价局、建设厅：

为贯彻落实《国务院办公厅转发建设部等部门关于工程勘察设计单位体制改革若干意见的通知》（国办发〔1999〕101号），调整工程勘察设计收费标准，规范工程勘察设计收费行为，国家计委、建设部制定了《工程勘察设计收费管理规定》（以下简称《规定》），现予发布，自二○○二年三月一日起施行。原国家物价局、建设部颁发的《关于发布工程勘察和工程设计收费标准的通知》（〔1992〕价费字375号）及相关附件同时废止。

本《规定》施行前，已完成建设项目工程勘察或者工程设计合同工作量50%以上的，勘察设计收费仍按原合同执行；已完成工程勘察或者工程设计合同工作量不足50%的，未完成部分的勘察设计收费由发包人与勘察人、设计人参照本《规定》协商确定。

附件：工程勘察设计收费管理规定

二○○二年一月七日

主题词：勘察　收费　规定　通知
附件：

工程勘察设计收费管理规定

第一条　为了规范工程勘察设计收费行为，维护发包人和勘察人、设计人的合法权益，根据《中华人民共和国价格法》以及有关法律、法规，制定本规定及《工程勘察收费标准》和《工程设计收费标准》。

第二条　本规定及《工程勘察收费标准》和《工程设计收费标准》，适用于中华人民共和国境内建设项目的工程勘察和工程设计收费。

第三条　工程勘察设计的发包与承包应当遵循公开、公平、公正、自愿和诚实信用的原则。依据《中华人民共和国招标投标法》和《建设工程勘察设计管理条例》，发包人有权自主选择勘察人、设计人。勘察人、设计人自主决定是否接受委托。

第四条　发包人和勘察人、设计人应当遵守国家有关价格法律、法规的规定，维护正常的价格秩序，接受政府价格主管部门的监督、管理。

第五条　工程勘察和工程设计收费根据建设项目投资额的不同情况，分别实行政府指导价和市场调节价。建设项目总投资估算额500万元及以上的工程勘察和工程设计收费实行政府指导价；建设项目总投资估算额500万元以下的工程勘察和工程设计收费实行市场调节价。

第六条　实行政府指导价的工程勘察和工程设计收费，其基准价根据《工程勘察收费标准》或者《工程设计收费标准》计算，除本规定第七条另有规定者外，浮动幅度为上下20%。发包人和勘察人、设计人应当根据建设项目的实际情况在规定的浮动幅度内协商确定收费额。

第七条　工程勘察费和工程设计费，应当体现优质优价的原则。工程勘察和工程设计收费实行政府指导价的，凡在工程勘察设计中采用新技术、新工艺、新设备、新材料，有利于提高建设项目经济效益、环境效益和社会效益的，发包人和勘察人、设计人可以在上浮25%的幅度内协商确定收费额。

第八条　勘察人和设计人应当按照《关于商品和服务实行明码标价的规定》，告知发包人有关服务项目、服务内容、服务质量、收费依据，以及收费标准。

第九条　工程勘察费和工程设计费的金额以及支付方式，由发包人和勘察人、设计人在《工程勘察合同》或者《工程设计合同》中约定。

第十条　勘察人或者设计人提供的勘察文件或者设计文件，应当符合国家规定的工程技术质量标准，满足合同约定的内容、质量等要求。

第十一条　由于发包人原因造成工程勘察、工程设计工作量增加或者工程勘察现场停工、窝工的，发包人应当向勘察人、设计人支付相应的工程勘察费或者工程设计费。

第十二条　工程勘察或者工程设计质量达不到本规定第十条规定的，勘察人或者设计人应当返工。由于返工增加工作量的，发包人不另外支付工程勘察费或者工程设计费。由于勘察人或者设计人工作失误给发包人造成经济损失的，应当按照合同约定承担赔偿责任。

第十三条　勘察人、设计人不得欺骗发包人或者与发包人互相串通，以增加工程勘察工作量或者提高工程设计标准等方式，多收工程勘察费或者工程设计费。

第十四条　违反本规定和国家有关价格法律、法规规定的，由政府价格主管部门依据《中华人民共和国价格法》、《价格违法行为行政处罚规定》予以处罚。

工程设计收费标准总则

1. 工程设计收费是指设计人根据发包人的委托，提供编制建设项目初步设计文件、施工图设计文件、非标准设备设计文件、施工图预算文件、竣工图文件等服务所收取的费用。

2. 工程设计收费采取按照建设项目单项工程概算投资额分档定额计费方法计算收费。铁道工程设计收费计算方法，在交通运输工程一章中规定。

3. 工程设计收费按照下列公式计算

（1）工程设计收费 = 工程设计收费基准价 ×（1 ± 浮动幅度值）

（2）工程设计收费基准价 = 基本设计收费 + 其他设计收费

（3）基本设计收费 = 工程设计收费基价 × 专业调整系数 × 工程复杂程度调整系数 × 附加调整系数

4. 工程设计收费基准价

工程设计收费基准价是按照本收费标准计算出的工程设计基准收费额，发包人和设计人根据实际情况，在规定的浮动幅度内协商确定工程设计收费合同额。

5. 基本设计收费

基本设计收费是指在工程设计中提供编制初步设计文件、施工图设计文件收取的费用，并相应提供设计技术交底、解决施工中的设计技术问题、参加试车考核和竣工验收等服务。

6. 其他设计收费

其他设计收费是指根据工程设计实际需要或者发包人要求提供相关服务收取的费用，包括总体设计费、主体设计协调费、采用标准设计和复用设计费、非标准设备设计文件编制费、施工预算编制费、竣工图编制费等。

7. 工程设计收费基价

工程设计收费基价是完成基本服务的价格。工程设计收费基价在《工程设计收费基价表》（附表一）中查找确定，计费额处于两个数值区间的，采用直线内插法确定工程设计收费基价。

8. 工程设计收费计费额

工程设计收费计费额，为经过批准的建设项目初步设计概算中的建筑安装工程费、设备与工器具购置费和联合试运转费之和。

工程中有利用原有设备的，以签订工程设计合同时同类设备的当期价格作为工程设计收费的计费额；工程中有缓配设备，但按照合同要求以既配设备进行工程设计并达到设备安装和工艺条件的，以既配设备的当期价格作为工程设计收费的计费额；工程中有引进设备的，按照购进设备的离岸价折换成人民币作为工程设计收费的计费额。

9. 工程设计收费调整系数

工程设计收费标准的调整系数包括：专业调整系数、工程复杂程度调整系数和附加调整系数。

（1）专业调整系数是对不同专业建设项目的工程设计复杂程度和工作量差异进行调整的系数。计算工程设计收费时，专业调整系数在《工程设计收费专业调整系数表》（附表二）中查找确定。

（2）工程复杂程度调整系数是对同一专业不同建设项目的工程设计复杂程度和工作量差异进行调整的系数。工程复杂程度分为一般、较复杂和复杂三个等级，其调整系数分别为：一般（Ⅰ级）0.85；较复杂（Ⅱ级）1.0；复杂（Ⅲ级）1.15。计算工程设计收费时，工程复杂程度在相应章节的《工程复杂程度表》中查找确定。

（3）附加调整系数是对专业调整系数和工程复杂程度调整系数尚不能调整的因素进行补充调整的系数。附加调整系数分别列于总则和有关章节中。附加调整系数为两个或两个以上的，附加调整系数不能连乘。将各附加调整系数相加，减去附加调整系数的个数，加上定值1，作为附加调整系数值。

10. 非标准设备设计收费按照下列公式计算

非标准设备设计费 = 非标准设备计费额 × 非标准设备设计费率

非标准设备计费额为非标准设备的初步设计概算。非标准设备设计费率在《非标准设备设计费率表》（附表三）中查找确定。

11. 单独委托工艺设计、土建以及公用工程设计、初步设计、施工图设计的，按照其占基本服务设计工作量的比例计算工程设计收费。

12. 改扩建和技术改造建设项目，附加调整系数为 1.1～1.4。根据工程设计复杂程度确定适当的附加调整系数，计算工程设计收费。

13. 初步设计之前，根据技术标准的规定或者发包人的要求，需要编制总体设计的，按照该建设项目基本设计收费的 5% 加收总体设计费。

14. 建设项目工程设计由两个或者两个以上设计人承担的，其中对建设项目工程设计合理性和整体性负责的设计人，按照该建设项目基本设计收费的 5% 加收主体设计协调费。

15. 工程设计中采用标准设计或者复用设计的，按照同类新建项目基本设计收费的 30% 计算收费；需要重新进行基础设计的，按照同类新建项目基本设计收费的 40% 计算收费；需要对原设计做局部修改的，由发包人和设计人根据设计工作量协商确定工程设计收费。

16. 编制工程施工图预算的，按照该建设项目基本设计收费的 10% 收取施工图预算编制费；编制工程竣工图的，按照该建设项目基本设计收费的 8% 收取竣工图编制费。

17. 工程设计中采用设计人自有专利或者专有技术的，其专利和专有技术收费由发包人与设计人协商确定。

18. 工程设计中的引进技术需要境内设计人配合设计的，或者需要按照境外设计程序和技术质量要求由境内设计人进行设计的，工程设计收费由发包人与设计人根据实际发生的设计工作量，参照本标准协商确定。

19. 由境外设计人提供设计文件，需要境内设计人按照国家标准规范审核并签署确认意见的，按照国际对等原则或者实际发生的工作量，协商确定审核确认费。

20. 设计人提供设计文件的标准份数，初步设计、总体设计分别为 10 份，施工图设计、非标准设备设计、施工图预算、竣工图分别为 8 份。发包人要求增加设计文件份数的，由发包人另行支付印制设计文件工本费。工程设计中需要购买标准设计图的，由发包人支付购图费。

21. 本收费标准不包括总则第 1 条以外的其他服务收费。其他服务收费，国家有收费规定的，按照规定执行；国家没有收费规定的，由发包人与设计人协商确定。

附　表

附表一　工程设计收费基价表

单位：万元

序号	计费额	收费基价
1	200	9.0
2	500	20.9
3	1000	38.8
4	3000	103.8
5	5000	163.9
6	8000	249.6
7	10000	304.8

序号	计费额	收费基价
8	20000	566.8
9	40000	1054.0
10	60000	1515.2
11	80000	1960.1
12	100000	2393.4
13	200000	4450.8
14	400000	8276.7
15	600000	11897.5
16	800000	15391.4
17	1000000	18793.8
18	2000000	34948.9

注：计费额＞2000000万元的，以计费额乘以1.6%的收费率计算收费基价。

附表二 工程设计收费专业调整系数表

工程类型	专业调整系数
1. 矿山采选工程	
黑色 黄金 化学 非金属及其他矿采选工程	1.1
采煤工程，有色、铀矿采选工程	1.2
选煤及其他煤炭工程	1.3
2. 加工冶炼工程	
各类冷加工工程	1.0
船舶水工工程	1.1
各类冶炼、热加工、压力加工工程	1.2
核加工工程	1.3
3. 石油化工工程	
石油、化工、石化、化纤、医药工程	1.2
核化工工程	1.6
4. 水利电力工程	
风力发电、其他水利工程	0.8
火电工程	1.0
核电常规岛、水电、水库、送变电工程	1.2
核能工程	1.6
5. 交通运输工程	
机场场道工程	0.8
公路、城市道路工程	0.9
机场空管和助航灯光、轻轨工程	1.0
水运、地铁、桥梁、隧道工程	1.1
索道工程	1.3
6. 建筑市政工程	
邮政工艺工程	0.8
建筑、市政、电信工程	1.0
人防、园林绿化、广电工艺工程	1.1
7. 农业林业工程	
农业工程	0.9
林业工程	0.8

附表三　非标准设备设计费率表

类别	非标准设备分类	费率/%
一般	技术一般的非标准设备，主要包括： 1. 单体设备类：槽、罐、池、箱、斗、架、台，常压容器、换热器、铅烟除尘、恒温油浴及无传动的简单装置； 2. 室类：红外线干燥室、热风循环干燥室、浸漆干燥室、套管干燥室、极板干燥室、隧道式干燥室、蒸汽硬化室、油漆干燥室、木材干燥室	10 ~ 13
较复杂	技术较复杂的非标准设备，主要包括： 1. 室类：喷砂室、静电喷漆室； 2. 窑类：隧道窑、倒焰窑、抽屉窑、蒸笼窑、辊道窑； 3. 炉类：冷风冲天炉、热风冲天炉、加热炉、反射炉、退火炉、淬火炉、煅烧炉、坩埚炉、氢气炉、石墨化炉、室式加热炉、砂芯烘干炉、干燥炉、亚胺化炉、还氧铅炉、真空热处理炉、气氛炉、空气循环炉、电炉； 4. 塔器类：Ⅰ、Ⅱ类压力容器，换热器，通信铁塔； 5. 自动控制类：屏、柜、台、箱等电控、仪控设备，电力拖运、热工调节设备； 6. 通用类：余热利用、精铸、热工、除渣、喷煤、喷粉设备，压力加工、板材、型材加工设备，喷丸强化机，清洗机； 7. 水工类：浮船坞、坞门、闸门、船舶下水设备，升船机设备； 8. 试验类：航空发动机试车台、中小型模拟试验设备	13 ~ 16
复杂	技术复杂的非标准设备，主要包括： 1. 室类：屏蔽室、屏蔽暗室； 2. 窑类：熔窑、成型窑、退火窑、回转窑； 3. 炉类：闪速炉、专用电炉、单晶炉、多晶炉、沸腾炉、反应炉、裂解炉、大型复杂的热处理炉、炉外真空精炼设备； 4. 塔器类：Ⅲ类压力容器、反应釜、真空罐、发酵罐、喷雾干燥塔、低温冷冻、高温高压设备、核承压设备及容器、广播电视塔桅杆、天馈线设备； 5. 通用类：组合机床、数控机床、精密机床、专用机床，特种起重机、特种升降机、高货位立体仓储设备，胶接固化装置、电镀设备，自动、半自动生产线； 6. 环保类：环境污染防治、消烟除尘、回收装置； 7. 试验类：大型模拟试验设备、风洞高空台、模拟环境试验设备	16 ~ 20

注：1. 新研制并首次投入工业化生产的非标准设备，乘以 1.3 的调整系数计算收费；

　　2. 多台（套）相同的非标准设备，自第二台（套）起乘以 0.3 的调整系数计算收费。

附录4 设计委托书格式

设计委托书

委托单位		
地 址		
联 系 人		
邮政编码		
电话号码		
电子邮箱		委托单位盖章
传 真 号		年 月 日
建设性质		
建设地点		
施工单位		
工程名称	生 产 规 模 及 投 资	工程内容及设计阶段

委托单位对设计的具体要求：

（内容详见附录5：甲乙双方签订的"设计技术协议"）

接受委托单位			
地　　址			
联系部门		联系人	
邮政编码		电子邮箱	
电话号码		传真号	

附录5　技术协议格式

设计技术协议

甲乙双方就甲方×××工程××系统施工图设计有关问题，经友好协商达成如下一致意见，作为设计依据。

1. 生产规模及产品方案。

2. 主要技术参数。

3. 工艺设备布置。

4. 工艺方案。

5. 各专业接口条件。

6. 设计进度要求：

乙方收到定金后30天内提交设备材料订货清单及初步设计，××工程系统用水、用气、用电接点条件。在收到甲方提供的设计基础资料后××天内完成全部施工图设计。甲方提供的设计基础资料如下：

（1）工程地质报告；

（2）×××设备订货资料；

（3）×××PLC控制系统生产厂家资料及编程用基础软件。

7. ×××系统设计范围与分工。

8. 本技术协议作为设计合同附件，具有同等法律效应。

9. 未尽事宜，双方友好协商解决。

甲方：

代表（签字）：

乙方：

代表（签字）：

电子邮件：

年　月　日

附录6　设计投标标书内容

1. 设计单位简介

2. 同类工程设计业绩

3. 社会信誉评价

4. 投标依据

投标书的编制依据主要是业主向投标方发出的工程招标文件。

5. 设计方案

6. 设计质量保证

6.1　设计质量以用户满意为标准，达到业主发出的《设计招标书》的内容要求。

6.2　设计质量实行总设计师（项目经理）负责制，对设计质量负终身责任。

6.3　采用"三环节"工序控制，即事前指导、中间审查、成品校审，不折不扣执行施工图各专业的会审、会签。

6.4　施工图未经专业三级审查、各专业会审和总设计师签署，不得加工成成品，不得加盖设计专用章；未加盖设计专用章的图纸，设计院不承担任何责任。

6.5　各专业设计、制图必须符合国家最新标准和规范；设备尽力选择新型节能产品，采用成熟可靠的新工艺技术，注重环保和节省投资。

7. 施工服务措施

7.1　施工图设计完成后，根据现场需要，由总设计师组织设计人员现场施工图交底，配合施工安装，处理设计问题，直至试生产、竣工验收。

7.2　施工服务人员变更时，应有交接手续，交代现场情况，移交施工图纸、施工记录资料等。交接不清的，不得离开现场。

7.3　需要对设计进行修改、变更、补充的，一律使用设计修改、变更通知单（包括通知单附图），并经总设计师（现场负责人）审查签发。

7.4　对施工和生产单位提出的设计修改变更（如设备、材料代用和其他合理化建议），应持慎重态度。对设备、材料代用和合理化建议同意采纳的，可直接在施工、生产单位提出的联系单上签署，不另发通知单。

8. 要约承诺

· 承诺标书中的所有条款；

· 如未中标，则不收取招标方的补偿费；

· 能按时提供全部设计图文资料；

· 能在施工现场进行技术服务，派驻设计人员及时解决施工中的有关问题；

· 承诺标书中第7条中的违约责任；

· 在工程设计承包范围内，不得转包，若确需转包时，需经业主同意认可；

· 在提供规定的图纸份数后，如建设单位需增加份数，可以提供晒图方便，只收取工本费。

9. 标书有效期

本投标书有效期至　年　月　日截止，过期即认为被撤回。

10. 设计进度安排

待设计合同生效和设计基础资料交清后××天完成全部设计工作。其中的设备材料清单、概算书可提前××天完成。

附录7　工程设计合同格式

×××××××工程
××××施工图（可行性研究）

工程设计合同

立合同委托单位：×××公司（简称甲方）与×××设计研究院（简称乙方）依照平等互利、协商一致、等价有偿的原则，为明确相互权利义务关系而签订本合同，以资共同遵守。

第一条　双方必须严格执行《中华人民共和国合同法》、《建设工程勘察设计合同条例》，以及本合同制定的条款。

第二条　工程名称
×××工程×××系统施工图

第三条　建设地点
×××厂内

第四条　拟建规模和工程投资
建设规模为××t/a，工程投资控制在×××万元以内。

第五条　设计范围和内容
1. ×××系统设计，主要包括×××系统内的工艺、土建、电气仪表、风、水、气、管网等设计和控制软件编制与现场调试。
2. 设计范围：设计以围墙为界，含围墙内的×××等系统的设计。

第六条　技术要求
采用国内先进技术。

第七条　设计基础资料
甲方于本设计合同签订后将基础资料提交乙方。基础资料一式二份，并加盖公章，以确保其可靠性。基础资料主要有：
1. 工程地质报告；
2. ×××设备订货资料；
3. 液压系统生产厂家资料；
4. PLC控制系统生产厂家资料及编程用基础软件。

第八条　设计阶段及进度
乙方收到设计基础资料和定金后××天内完成全部设计。

第九条　设计文件份数
按规定：施工图8份，非标准设备图8份。甲方如需增加设计文件份数，应在设计文件晒印前同乙方联系，并另付晒印工本费。

第十条　协作方式
委托设计（联合设计）。

第十一条　设计费用及拨付办法

设计费用按 2002 年国家物价局和建设部颁发的《工程设计收费标准》计取。总计收费××万元，其中××系统设计费××万元，××系统设计费×万元（如乙方设计方案未被甲方采纳，则该费用从总设计中扣除），控制系统编程和现场调试费××万元。

设计费按设计进度分期拨付至乙方银行账上，乙方收款后出具收据交付甲方。

设计合同生效后五天内预付 30% 作为定金，计××万元，定金收到后，乙方开始设计工作；初步设计及×××系统方案设计完成经审查通过后，付 30%，计××万元；施工图完成经审查验收后付 20%，计××万元；工程完投产时付 10%，计××万元；余款 10%计××万元，工程投产后 6 个月内付清。设计文件和施工图纸一律实行先付款后发放、不付款不发图的财务制度。

第十二条　双方工作责任

一、甲方：

1. 向乙方提供开展勘察设计工作所需的有关基础资料，并对提供的时间、进度与资料的可靠性负责。

2. 在勘察设计人员进入现场作业或配合施工时，应负责提供必要的工作和生活条件，费用由甲方承担。

3. 按合同规定的收费标准、收费办法和时间，向乙方支付设计费。

4. 维护乙方的设计成果、设计文件和施工图的所有权：

（1）未经乙方正式同意，甲方不得擅自修改设计文件和设计图纸，如有发生，造成的质量事故一律由甲方负责。

（2）未与乙方正式签订协议，甲方不得在本工程内重复使用或向第三方转让、赠送属于乙方所有权的设计文件和设计图纸。

二、乙方：

1. 乙方应根据批准的设计任务书或上一阶段设计的批准文件，以及有关设计技术经济协议文件、设计标准、技术规范、规程、定额等进行设计，并按合同规定的进度和选题提交设计文件（包括设备清单）和施工图。

2. 乙方对所承担设计任务的建设项目应配合施工，进行设计交底，解决施工过程中有关设计的问题，负责设计变更和修改，参加试车考核及工程竣工验收。

第十三条　双方违约责任

甲方或乙方违反合同规定造成损失的，应承担违约责任。

一、由于乙方设计质量低劣引起返工或未按期提交设计文件拖延工期造成损失，除由乙方继续完善设计外，并视造成的损失大小，减收或免收该项工程设计费（按子项计算）。因乙方设计错误而造成工程重大质量事故时，乙方除免收受损失部分的设计费外，还应支付与直接损失部分设计费相等的赔偿金。

二、由于甲方变更设计方案和内容（必须有书面正式通知），提供的资料不准确以及未按期提供设计必需的基础资料和工作条件等而造成设计的返工、停工、窝工和修改设计，乙方除延长设计交付进度外，甲方还应按乙方实际多消耗的工作量补签协议，另行增加设计费。

三、甲方超过合同规定的日期付费时，应承担违约责任。乙方超过合同规定的日期发放设计文件和施工图纸时，也应承担违约责任。违约责任经甲乙双方协商如下。

1. 乙方逾期一天发放设计文件，扣减 1% 的设计费。

2. 甲方逾期不付设计费，造成的设计文件和施工图发放日期延后，一切责任由甲方承担，不得扣减乙方的设计费。

第十四条　本合同的未尽事宜和执行中发生纠纷时，双方应及时而友好地协商解决。协商不成时，由主管部门调解或向合同管理机关申请调解和仲裁。

第十五条　本合同捌份，双方各执肆份，本合同的合同附件与合同具有同等效力。

第十六条　本合同自双方代表签字盖章之日起生效。

甲方名称（盖公章）：　　　　　　　　　　乙方名称（盖公章）：

甲方代表：　　　　　　　　　　　　　　　乙方代表：

邮政编码：　　　　　　　　　　　　　　　邮政编码：

通信地址：　　　　　　　　　　　　　　　通信地址：

电话号码：　　　　　　　　　　　　　　　电话号码：

开户银行：　　　　　　　　　　　　　　　开户银行：

开户账号：　　　　　　　　　　　　　　　开户账号：

签章日期：　　　　　　　　　　　　　　　签章日期：

附录8 开工报告格式

1. 设计依据及基础资料

1.1 工程名称：×××系统施工图（只在目录中写全名）

1.2 设计依据

工程设计合同

1.3 已具备的基础资料

1.3.1 类似参考施工图

1.3.2 地震烈度按××度设防

1.3.3 厂区1/500地形图

1.3.4 工程地质资料

2. 主要设计方案及原则

2.1 工艺

2.2 仪表及电气

2.3 土建

3. 施工图设计质量要求及基本程序

3.1 树立正确的设计思想，设计应符合国家的建设方针政策及有关规定；坚持设计程序，满足标书要求。

3.2 认真落实设计条件，依据充分，基础资料齐全，符合有关技术规范、规程、规定和统一技术标准。各子项均应有设计计算书。

3.3 设计内容完整，项目齐全，设计数据准确，各专业之间相关尺寸一致；设计内容和深度达到施工图深度的要求。说明要突出重点，文字要简明通顺，计量单位要正确，符合法定计量标准。

3.4 在不超出设计概算的前提下，积极采用先进适度的新技术、新工艺和设备材料。

3.5 要求总体布置合理，工艺流程先进可靠，设计成果能经受建设和生产实践的验证。

3.6 认真贯彻TQC（ISO9000）要求，认真做好先指导、中间审查、审核、审定、会签、成品检验等各阶段质量管理工作。

3.7 各专业提交的设计条件和成果图纸，应经专业审核、审定，子项施工图还应经有关专业会签、总设计师签字认可后，方可外发。

3.8 设计完成后，应将设计依据及往返条件、设计计算书、审核及会签记录，以及TQC（ISO9000）要求的报表等按要求整理造册，归档保存。

3.9 根据施工进度要求和安排，及时进行设计技术交底和现场施工服务，解决施工中存在的设计问题，做好施工服务日记。

3.10 施工服务中，设计变更通知和其他变更资料均应按规定格式书写，经审核、相关专业会审、总设计师签字后方可发出，并编号保存。工程竣工后，统一归档。

3.11 施工图纸名称书写方式：在图纸目录上写上工程名称及相应图名，其余图纸只写图名。

4. 子项划分

4.1 工程编号　　×××

4.2 施工图编号方法

×××·专业中文代号·子项工程号·图纸顺序号

4.3 施工图分项

炼铁工艺	×××铁1—…铁2—…
土建	×××土1—…土2—…
钢结构	×××钢1—…钢2—…
电气	×××电1—…电2—…
仪表	×××仪—…
液压系统	×××液—…
非标设备	FB×××01—…FB×××02—…

4.4 子项划分表

序号	子项名称	图号	设计人	备注
1	炼铁工艺	×××铁	×××	
1.1	热风炉工艺布置图	×××铁1	×××	
1.2	热风炉砌砖图	×××铁2	×××	
1.3	管道砌砖图	×××铁3	×××	
1.4	各孔安装图	×××铁4	×××	
1.5	各阀安装图	×××铁5	×××	
1.6	下部气流均布装置	×××铁6	×××	
1.7	热风炉法兰	×××铁7	×××	
1.8	给排水	×××铁8	×××	
1.9	助燃风机安装	×××铁9	×××	
1.10	单管排水器安装图	×××铁10	×××	
1.11	蒸汽管道安装图	×××铁11	×××	
1.12	前置预热系统工艺布置	×××铁12	×××	
1.13	前置预热器风机安装图	×××铁13	×××	
1.14	前置预热器砌砖图	×××铁14	×××	
2	土建	×××土	×××	
2.1	热风炉基础	×××土1	×××	
2.2	烟囱60m高，出口内径ϕ3m	×××土2	×××	
2.3	梯子、平台、管道支架基础	×××土3	×××	
2.4	助燃风机基础	×××土4	×××	
2.5	前置预热器及风机基础	×××土5	×××	
2.6	液压站土建图	×××土6	×××	
3	电气	×××电	×××	
3.1	热风炉供配电系统图	×××电1	×××	

续表

序号	子项名称	图号	设计人	备注
3.2	热风炉 PLC 系统图	×××电2	×××	
3.3	助燃风机电气	×××电3	×××	
3.4	前置预热器电气	×××电4	×××	
3.5	液压站电气	×××电5	×××	
3.6	热风炉系统照明	×××电6	×××	
4	仪表自动化	×××仪	×××	
4.1	热风炉系统仪表	×××仪1	×××	
4.2	前置预热器仪表	×××仪2	×××	
5	钢结构	×××钢	×××	
5.1	热风炉炉壳	×××钢1	×××	
5.2	热风炉梯子平台	×××钢2	×××	
5.3	热风炉管道及支架	×××钢3	×××	
5.4	前置预热器钢结构	×××钢4	×××	
6	液压系统	×××液	×××	
7	非标设备	FB×××00	×××	
7.1	单管排水器	FB×××01	×××	
7.2	φ600 人孔	FB×××02	×××	
7.3	350×500 人孔	FB×××03	×××	
7.4	φ700 人孔	FB×××04	×××	
7.5	φ250 放散阀手摇卷扬机	FB×××05	×××	
7.6	点火孔	FB×××06	×××	
7.7	炉箅子	FB×××07	×××	
7.8	燃烧器	FB×××08	×××	
7.9	φ300 清灰孔	FB×××09	×××	
7.10	φ350 滤水器	FB×××10	×××	
7.11	φ800 卸球孔	FB×××11	×××	
7.12		FB×××12	×××	
7.13		FB×××13	×××	
7.14		FB×××14	×××	

注：漏列或不全部分，请与总设计师联系。

5. 设计进度安排

5.1 开工报告： 年 月 日

5.2 主体专业确定方案及一次提资： 月 日

5.3 二主体专业方案与提资： 月 日

5.4　各专业施工图设计审核等：　月　日

5.5　送晒：　月　日

6. 存在问题

6.1　该工程周期短，工作难度大，请各设计人员千方百计保证设计进度。

6.2　该工程各分项为各不同设计院设计，相互之间的协作联系不便，请各设计人员克服困难，积极主动配合，加强与总设计师联系。

附录9　部分化工工程项目施工图设计标准子项划分

（一）电解烧碱工程子项

序号	子项名称	包含主要内容
1	原料场	卤水管输送、NaCl 由盐厂运输
2	主车间	电解槽三层洗泥桶、盐水精制槽、精馏塔（Ⅰ、Ⅱ）、烧碱锅、一段蒸发器、浓缩器、离心机
3	循环水及水处理设施	循环水塔
4	余热利用设施	送至热电厂产生低压蒸汽
5	电炉烟气净化设施	
6	开关站	高压配电装置、动力变压器、控制室
7	修理设施	焊机（氩弧、气、电）、机床、刨床
8	检化验设施	分厂分析室、成品分析室
9	仓库设施	库房、液碱站、灌装台
10	锅炉房	
11	空压站	
12	总图运输设施	铁公路、台秤、地秤、围墙大门、挡土墙、警卫室
13	综合管线	卤水管、蒸汽管、浓碱管、工业水管
14	厂区生活福利设施	办公楼、食堂、浴室、开水房、托儿所
15	非标准设备设计	非标准设备、压力容器（缓冲罐、氮气罐、NG 过滤器）、除尘设备（风机）
16	环保监测站	排污口监测、安全与卫生
17	施工图预算	

（二）粉状磷酸一铵（MAP）中和浓缩喷雾干燥子项

序号	子项名称	包含主要内容
1	磷酸输送站	磷酸输送
2	液氯气化站	液氯气化输送
3	中和反应车间	磷酸和氯进行中和反应
4	浓缩工段	磷铵料浆浓缩
5	喷雾干燥	形成产品
6	变电站	
7	热风炉	加热空气供应干燥塔干燥

续表

序号	子项名称	包含主要内容
8	循环水	凉水塔、散失热量
9	总图运输设施	铁、公路及辅助设施，平土排水，称量设施，围墙大门，挡土墙，警卫室
10	综合管线	各种动力外网及通信外网
11	工艺外管	工艺所需水、酸所铺设
12	非标准设备设计	
13	施工图预算	

（三）4 万吨/a 水溶液全循环尿素工程子项

序号	子项名称		包含主要内容
1	原料车间	MDEA 脱碳	泵房、高压吸收、低压及常压解吸、溶液再生
		氨冷冻	氨的压缩、氨的冷凝、氨的蒸发
2	尿素主厂房		原料的加压、尿素的高压合成、熔融尿液与未反应物的分离和未反应物的回收、熔融尿液的加工
3	循环水及水处理设施		新水、净环水、软环水、浊环水及水处理设施
4	检化验设施		检化验室
5	配电站		高压配电装置、动力变压器、控制室
6	综合管线		各种动力外网及通信外网
7	修理设施		机修车间
8	总图运输设施及土建		车间公路及其辅助设施、平土排水、称量设施、围墙大门、各工序厂房、造粒塔、皮带输送机
9	非标准设备设计		非标准设备、压力容器
10	施工图预算		

（四）3000t/a 石硫合剂结晶工程子项

序号	子项名称	包含主要内容
1	原料场	原料储存、运输、加工设施
2	主车间	上料设施、冷冻、电控设施、加料、反应、压渣、包装、分析室、产品暂存间、操作室
3	循环水及水处理设施	冷却水回收及废水处理设施
4	废气处理设施	废气处理及排空设施
5	开关站	高压配电装置、动力变压器、控制室
6	维修组	机、电、仪修理，计量、器具修理
7	分析设施	理化分析室
8	锅炉房	锅炉及相关设施

序号	子项名称	包含主要内容
9	仓库设施	产品储存库及相关原材料库
10	空压站	
11	废渣场	废渣场围墙、大门、储存设施
12	总图运输设施	公路及辅助设施、平土排水、称量设施、围墙大门、警卫室
13	综合管线	各种动力外网及通信外网
14	辅助设施	休息室、浴室、更衣室等
15	非标准设备设计	非标准设备
16	环保与卫生监测站	环保检测、安全与卫生监测
17	厂区生活福利设施	办公楼、食堂、浴室、托儿所或综合楼
18	施工图预算	

附录10　部分化工企业工程设计非标准设备范围

电解烧碱工程子项部分非标准设备

（一）电解烧碱工程

序号	设备名称	序号	设备名称
1	（各类、型）电动、手动闸门	8	滤盐器
2	碱液储槽	9	高位槽
3	配碱槽	10	杂水槽桶
4	热碱小车	11	淡盐水槽
5	冷碱车	12	电解液槽
6	出料口	13	浓碱冷却槽
7	下水池		

（二）粉状磷酸一铵（MAP）中和浓缩喷雾干燥工程

序号	设备名称	序号	设备名称
1	Ⅰ效、Ⅱ效闪蒸室	4	料浆缓冲罐
2	Ⅰ效、Ⅱ效加热室	5	干燥液化床
3	料浆过滤器		

（三）3000t/a 石硫合剂结晶工程

序号	设备名称	序号	设备名称
1	包装台	11	滑轮
2	消声器	12	运输车斗
3	小平车（含车头）	13	反应釜
4	废气吸收塔	14	集气罩
5	排气罩	15	配电箱
6	仪控设计	16	胶带运输机
7	操作台	17	方形风门
8	方形单波补偿器	18	喷水嘴
9	废气阀	19	煤斗车
10	冷凝器		

（四）4 万吨/a 水溶液全循环尿素工程

序号	设备名称		序号	设备名称
1	氨的冷冻	氨冷凝器	16	尿素合成塔
2		氨储液器	17	中压分离器
3		气液分离器	18	中压加热器
4	MDEA 脱碳	CO_2 吸收塔	19	低压分离器
5		常压解吸塔	20	低压加热器
6		气体再生塔	21	真空膨胀器
7		半贫液冷却器	22	尿液缓冲罐
8		贫液冷却器	23	尿液过滤器
9		低压蒸汽再沸器	24	一段蒸发器
10		换热器	25	二段蒸发器
11		气流分离器	26	熔融尿液分离器
12	循环冷却水系统	风筒式逆流玻璃钢冷却塔（配水系统、淋水装置、空气分配装置）	27	低压吸收塔
			28	一、二段表面冷凝器
13	软水系统	逆流再生离子交换器（使用阴、阳离子交换树脂）	29	中压吸收塔
			30	水冷器
14	尿素主厂房	液氨缓冲罐	31	氨吸收塔
15		液氨预热器	32	氨蒸塔

参 考 文 献

[1] 蔡祺风. 有色冶金工厂设计基础 [M]. 北京：冶金工业出版社, 1991.

[2] 邹兰, 阎传智. 化工工艺工程设计 [M]. 成都：成都科技大学出版社, 1998.

[3] 牛存镇, 党洁修. 化工工艺设计概论 [M]. 成都：成都科技大学出版社, 1996.

[4] 袁康. 轧钢车间设计基础 [M]. 北京：冶金工业出版社, 1986.

[5] 中国冶金建设协会. 钢铁企业原料准备设计手册 [M]. 北京：冶金工业出版社, 1997.

[6] 《有色冶金炉设计手册》编委会. 有色冶金炉设计手册 [M]. 北京：冶金工业出版社, 2000.

[7] 北京有色冶金设计研究总院, 等. 重有色金属冶炼设计手册：铅锌铋卷 [M]. 北京：冶金工业出版社, 1996.

[8] 北京有色冶金设计研究总院, 等. 重有色金属冶炼设计手册：铜镍卷 [M]. 北京：冶金工业出版社, 1996.

[9] 张国珍. 工程项目管理 [M]. 北京：中国水利水电出版社, 2008.

[10] 李明安, 邓铁军, 杨卫东. 工程项目管理理论与实务 [M]. 长沙：湖南大学出版社, 2012.

[11] 有色金属工程设计项目经理手册编委会. 有色金属工程设计项目经理手册 [M]. 北京：化学工业出版社, 2003.